定期

JN078287

理科　1年　　**大日本図書版**｜理科の世界

もく

取り外してお使いください　赤シート＋直前チェックBOOK,別冊解答

【写真提供】
オアシス

※全国の定期テストの標準的な出題範囲を示しています。学校の学習進度とあわない場合は、「あなたの学校の出題範囲」欄に出題範囲を書きこんでお使いください。

Step 1 基本チェック : 1章 身近な生物の観察 : 2章 植物のなかま（1）

10分

■ 赤シートを使って答えよう！

❶ 校庭や学校周辺の生物／❷ 生物の分類　▶ 教 p.12-25

どんな場合でも，ルーペの位置は同じだよ。

□ ルーペは ［ 目 ］ に近づけて持ち，見たいものを前後に動かす。

□ 見たいものが動かせないときはルーペを目に近づけたまま，［ 顔 ］ を前後に動かす。

❶ 種子をつくる植物　▶ 教 p.26-37

□ アブラナやツツジなどの花は，中心にめしべがあり，それを囲むように，おしべ・［ 花弁 ］・がくが順につく。

□ おしべの先の小さな袋を ［ やく ］ といい，その中には［ 花粉 ］ が入っている。

□ めしべの花柱の先を ［ 柱頭 ］，めしべの根元の膨らんだ部分を ［ 子房 ］，その中の粒を ［ 胚珠 ］ という。

□ 花粉がめしべの柱頭につくことを ［ 受粉 ］ といい，その後，子房は ［ 果実 ］ に，中の胚珠は ［ 種子 ］ になる。

□ 種子ができる植物を ［ 種子植物 ］ という。

□ 葉のすじを ［ 葉脈 ］ といい，平行脈と ［ 網状脈 ］ がある。

□ 主根と ［ 側根 ］ をもつ植物と，［ ひげ根 ］ をもつ植物がある。

□ 根の先端近くにある細い毛のようなものは ［ 根毛 ］ である。

□ 子葉が1枚の植物を ［ 単子葉類 ］，子葉が2枚の植物を ［ 双子葉類 ］ という。

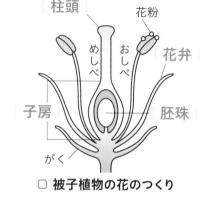

□ 被子植物の花のつくり

□ マツの雄花のりん片には，［ 花粉のう ］ がついていて，中には花粉が入っている。

□ マツのように，胚珠がむき出しの植物を ［ 裸子植物 ］，アブラナのように，胚珠が子房の中にある植物を ［ 被子植物 ］ という。

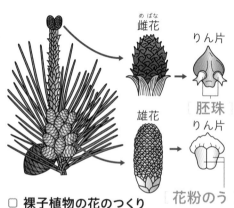

□ 裸子植物の花のつくり

 テストに出る　花，葉，根のつくりは植物によって異なるので，整理しておこう！

Step 2 予想問題　1章 身近な生物の観察　2章 植物のなかま（1）

30分（1ページ10分）

【双眼実体顕微鏡の使い方やスケッチのしかた】

❶ 双眼実体顕微鏡の使い方やスケッチのしかたについて，次の問いに答えなさい。

□ ❶ 双眼実体顕微鏡の使い方について，㋐～㋒を正しい順に並べなさい。

（　　→　　→　　）

㋐ 右目でのぞきながら，調節ねじを回してピントを合わせる。

㋑ 左目でのぞきながら，視度調節リングを回してピントを合わせる。

㋒ 両目でのぞきながら，視野が重なって見えるように鏡筒を調節する。

□ ❷ スケッチのしかたについて，正しいのは次のどれか。（　　）

㋐ 影をつけて立体的にかく。

㋑ 気づいたことをことばでも記録する。

㋒ 見えるものを全てかく。

㋓ 輪郭がはっきりするように1本の太い線でかく。

【花のつくり】

❷ 図1はエンドウの花，図2はアサガオの花を表したものである。次の問いに答えなさい。

図1

図2

□ ❶ エンドウの花弁は何枚あるか。（　　）枚

□ ❷ エンドウの花の中心にあるものから外側にあるものの順に，㋐～㋓を並べなさい。（　　→　　→　　→　　）

㋐ 花弁　㋑ がく　㋒ めしべ　㋓ おしべ

□ ❸ エンドウの花弁をピンセットで外してルーペで観察するとき，花弁と顔のどちらを前後に動かすか。（　　）

□ ❹ エンドウのように，花弁が互いに離れている花を何というか。その名称を答えなさい。（　　）

□ ❺ アサガオのように，花弁がくっついている花を何というか。その名称を答えなさい。（　　）

□ ❻ ❺の花をもつ植物は，次のどれか。（　　）

㋐ サクラ　㋑ アブラナ　㋒ ツツジ

ミスに注意　❷❸ 観察するものが，動かせるのか動かせないのかに注意する。

【 種子ができる植物 】

❸ 図は，ある植物の花のつくりを模式的に表したもので
　ある。次の問いに答えなさい。

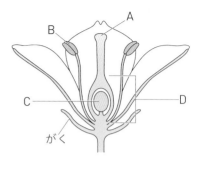

□ ❶ 図のDの部分を何というか。その名称を答えなさい。

□ ❷ 花粉はA～Dのどこに入っているか。

□ ❸ 虫によって花粉が運ばれる植物の花を何というか。
　　その名称を答えなさい。

□ ❹ 花粉がめしべの柱頭(ちゅうとう)につくことを何というか。その名称を答えなさい。

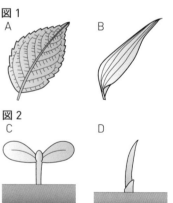
花のどの部分が種子と果実になるのかを考えよう。

□ ❺ ❹の後，成長すると種子になるのは，A～Dのどれか。

□ ❻ 図のCがDの中にある植物を何というか。その名称を答えなさい。

□ ❼ この植物のように，種子をつくる植物をまとめて何というか。
　　その名称を答えなさい。

【 葉のつくり 】

❹ 図1のA，Bは2種類の葉のつくり，図2のC，Dは2種
　類の子葉のようすを表したものである。次の問いに答えな
　さい。

図1
A　B

図2
C　D

□ ❶ 図1の葉に見られるすじのようなつくりを何というか。その
　　名称を答えなさい。

□ ❷ A，Bの❶のつくりを，それぞれ何というか。その名称を答
　　えなさい。

　　A　　　　　　　　B

□ ❸ Aのような葉のつくりをしている植物の子葉のようすは，
　　C，Dのどちらか。

□ ❹ Aのような葉のつくりをしている植物を，㋐～㋓から2つ選びなさい。

　　㋐ トウモロコシ　　㋑ホウセンカ　　㋒ヒマワリ　　㋓ツユクサ

□ ❺ Dのような子葉をもつ植物を何というか。その名称を答えなさい。

❣ヒント　❸❸ 風によって花粉が運ばれる植物の花を風媒花(ふうばいか)という。
　　　　　❹❷ Aは網目状(あみめじょう)になっていて，Bは平行になっている。

単元
1

【 根のつくり 】

❺ 図1，2は，植物の根のつくりを表したものである。次の
問いに答えなさい。

 図1  図2

☐ ❶ ツユクサの根のつくりは，図1，2のどちらか。

☐ ❷ 図1のア，イをそれぞれ何というか。その名称を答えなさい。

　　　　　　　　　ア （　　　　　　） 　イ （　　　　　　）

☐ ❸ 図2の根を何というか。その名称を答えなさい。

　　　　　　　　　　　　　　　　　　　　　　（　　　　　　）

☐ ❹ 図1，2の根の先端近くには，細い毛のようなものが生えている。
この細い毛のようなものを何というか。その名称を答えなさい。

　　　　　　　　　　　　　　　　　　　　　　（　　　　　　）

☐ ❺ 図1のような根のつくりをもつ植物の芽生えを観察すると，
子葉は何枚あるか。　　　　（　　　　　　）枚

【 マツの花のつくり 】

❻ 図はマツの花のつくりを模式的に表したもの
である。次の問いに答えなさい。

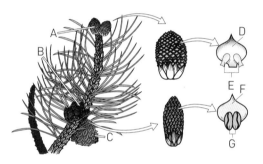

☐ ❶ 図のA〜Cのうち，雄花を表しているのはどれ
か。
　　　　　　　　　　　　　　　　　（　　　　　　）

☐ ❷ 図のD〜Gのうち，花粉が入っているのはどの
部分か。記号とその名称を答えなさい。

　　　　記号 （　　　　） 　名称 （　　　　　　）

☐ ❸ 図のD〜Gのうち，胚珠はどの部分か。（　　　　　　）

☐ ❹ 種子植物のうち，マツなどの植物のなかまを何というか。その名称を
答えなさい。
　　　　　　　　　　　　　　　　　　　　　　（　　　　　　）

☐ ❺ ❹の植物の花のつくりの特徴を，次から2つ選びなさい。
　　㋐ 胚珠がむき出しである。　　㋑ 胚珠が子房の中にある。
　　㋒ 果実ができる。　　　　　　㋓ 果実ができない。
　　　　　　　　　　　　　　　　　　　　（　　　　　　）

☐ ❻ 次の植物のうち，❹の植物を全て選びなさい。
　　㋐ サクラ　　　　　㋑ スギ　　　　　㋒ イチョウ
　　㋓ トウモロコシ　　㋔ ソテツ　　　　㋕ ヒマワリ

- -

🔑 ヒント ❺❺ 根の形から，双子葉類か単子葉類かを判断する。

❌ ミスに注意 ❻❶ 雌花が成長すると，まつかさになる。

Step 1 基本チェック ● 2章 植物のなかま（2）

10分

■ 赤シートを使って答えよう！

❷ 種子をつくらない植物　▶ 教 p.38-39

胞子は，湿り気（しめりけ）のあるところに落ちると発芽するよ。

☐ 種子をつくらない植物には，ワラビやゼンマイのような ［ シダ植物 ］ と，ゼニゴケやスギゴケのような ［ コケ植物 ］ がある。

☐ 種子をつくらない植物のなかまは，［ 胞子（ほうし）］ でふえ，それが入っている部分を ［ 胞子のう ］ という。

❸ 植物の分類　▶ 教 p.41-43

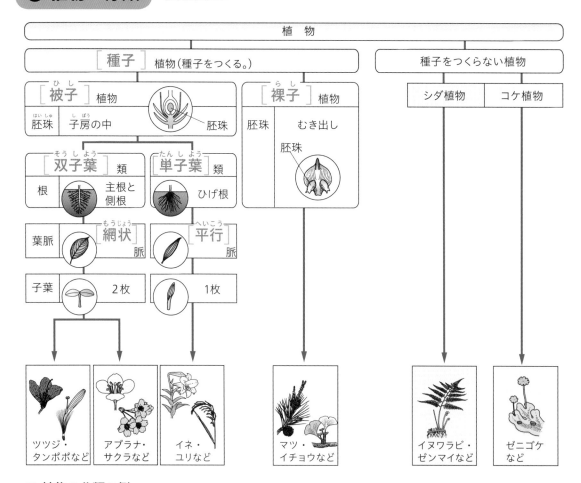

☐ 植物の分類の例

テストに出る

種子をつくらない植物は，どのようにしてなかまをふやすか確認しよう！
植物の分類はよく出る。それぞれの特徴（とくちょう）をしっかり整理しておこう！

Step 2 **予想問題**　**2章 植物のなかま（2）**　20分（1ページ10分）

【種子をつくらない植物】

❶ 図のA～Dの植物について，あとの問いに答えなさい。

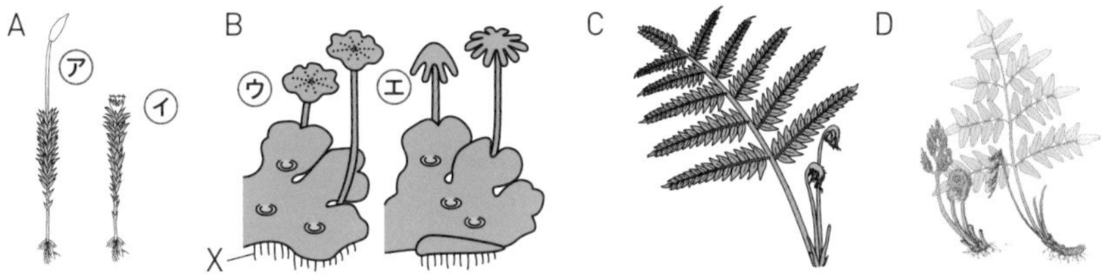

□ ❶ AとBのなかま，CとDのなかまをそれぞれ何というか。その名称(めいしょう)を答えなさい。　AとB（　　　）　CとD（　　　）

□ ❷ ゼニゴケをA～Dから選びなさい。（　　）

□ ❸ ㋐～㋓のうち，雌株(めかぶ)はどれとどれか。（　　　）

□ ❹ BのXの根のようなものを何というか。その名称を答えなさい。

（　　　）

□ ❺ 胞子(ほうし)でふえる植物をA～Dから全て選びなさい。

（　　　）

【シダ植物】

❷ 図1はイヌワラビの体のつくりで，図2はその一部を拡大したものである。次の問いに答えなさい。

図1

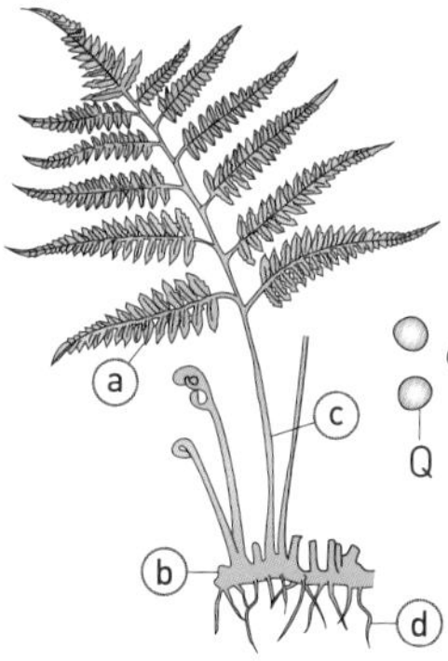

図2

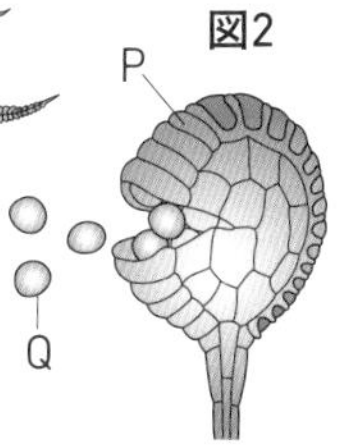

□ ❶ 図1で，根と茎(くき)にあたる部分はそれぞれどこか。ⓐ～ⓓから選びなさい。　根（　　）　茎（　　）

□ ❷ 図2のPは何というか。その名称を答えなさい。

（　　　）

□ ❸ 図2のPは，図1のどの部分にあるか。㋐～㋓から選びなさい。（　　）

㋐ 葉の表　㋑ 葉の裏　㋒ 根のつけ根　㋓ 根の先端(せんたん)

□ ❹ 図2のQの丸いものは何か。その名称を答えなさい。（　　　）

[ヒント] ❶❸ 雌株には，胞子が入っている胞子のうがある。

[ミスに注意] ❷❶ シダ植物の茎は，地下にあることが多い。

【種子をつくる植物の分類】

❸ 図のA～Dは，全て種子でふえる植物である。あとの問いに答えなさい。

A
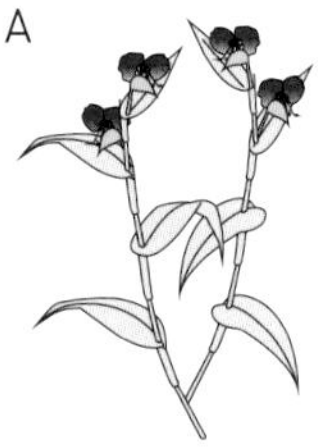
B
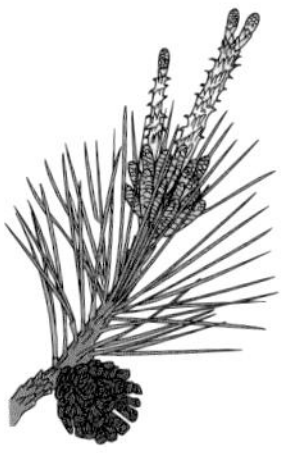
C
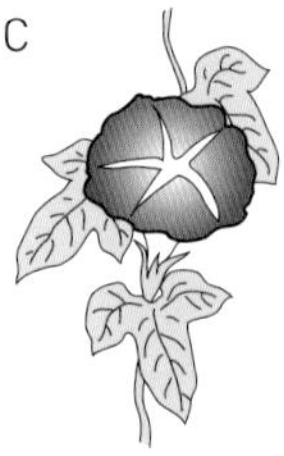
D
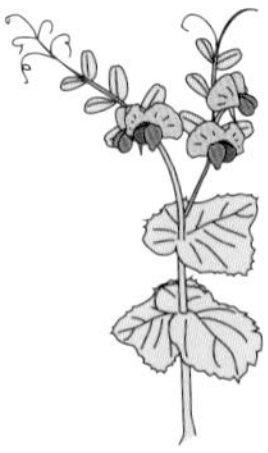

□ ❶ 胚珠が子房の中にない植物を何というか。その名称を答えなさい。

□ ❷ ❶の植物を，A～Dから選びなさい。

□ ❸ 子葉が2枚である植物を，A～Dから全て選びなさい。

□ ❹ 子葉が1枚で，根がひげ根である植物を，A～Dから選びなさい。

【植物の分類】

❹ 図のように，植物をⓐ～ⓕの特徴で，A～Dのグループに分類した。あとの問いに答えなさい。

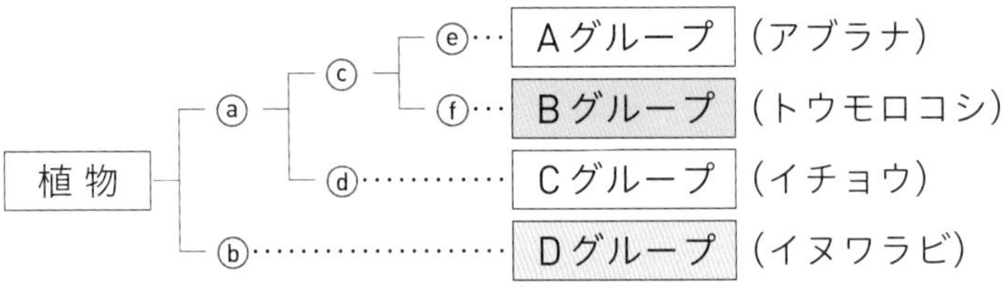

□ ❶ ⓑ，ⓒ，ⓔにあてはまる特徴を次の①～⑥からそれぞれ選びなさい。

ⓑ　　ⓒ　　ⓔ

①胚珠がむき出し。　②胚珠が子房の中にある。
③種子をつくる。　④種子をつくらない。
⑤子葉が2枚。　⑥子葉が1枚。

□ ❷ Aグループの植物を，花弁のつくりでさらに分類するとき，アブラナと同じなかまに分類される植物を㋐～㋓から2つ選びなさい。

㋐アサガオ　㋑サクラ　㋒バラ　㋓ツツジ

[ヒント] ❸ Aはツユクサ，Bはマツ，Cはアサガオ，Dはエンドウである。

[ミスに注意] ❹❶ ⓐとⓑは，なかまのふやし方が異なる。

[解答▶p. 2]

Step 1　基本チェック　3章 動物のなかま（1）

⏱ 10分

単元1

■ 赤シートを使って答えよう！

動物によって，体を支えているところがちがうね。

❶ 動物の体のつくり　▶ 教 p.45-46

□ 動物のなかまには，イワシのように背骨がある 脊椎動物 と，エビのように背骨がない 無脊椎動物 がある。

❷ 脊椎動物　▶ 教 p.47-55

□ 脊椎動物は，フナなどの 魚類 ，カエルなどの 両生類 ，トカゲなどの は虫類 ，ハトなどの 鳥類 ，サルなどの 哺乳類 の5つのグループに分類できる。

	魚類	両生類	は虫類	鳥類	哺乳類
子の生まれ方と産卵（子）数	卵生				胎生
	多い ←――――――――――――――――→ 少ない				
子の育ち方	水中		陸上		
呼吸のしかた	えら	子は えら と皮ふ，成長すると 肺 と皮ふ	肺		
体の表面のようす	うろこ	湿った皮ふ	うろこ	羽毛	毛

□ **脊椎動物の分類**

臼歯の「臼」は米などをつく「うす」のことだよ。

□ シマウマなどの 草食動物 は，2つの目が 側方 を向いており，広い範囲を見張るのに役立っている。

□ ライオンなどの 肉食動物 は，2つの目が 前方 を向いており，他の動物との距離をはかりながら追いかけるのに役立っている。

□ 草食動物は， 門歯 で食いちぎった草や木を 臼歯 で細かくすりつぶす。

□ 肉食動物の発達した 犬歯 ととがった 臼歯 が獲物をとらえて肉を食いちぎったり，骨をかみ砕いたりすることに役立つ。

テストに出る

脊椎動物の特徴をしっかり整理しておこう！
肉食動物と草食動物の体のつくりは，動物の生活と関連づけて覚えよう！

Step 2 予想問題　**3章 動物のなかま（1）**

30分
（1 ページ10分）

【 動物の体のつくり 】

❶ 表は，さまざまな動物を 2 つのグループＡ，Ｂに分けたものである。
あとの問いに答えなさい。

グループＡ	ヤモリ，アマガエル，キンギョ
グループＢ	カブトムシ，サワガニ

☐ ❶ グループＡの動物にはあるが，グループＢの動物にないものは何か。
その名称を答えなさい。

☐ ❷ グループＡの動物のなかまを何というか。その名称を答えなさい。

☐ ❸ イワシ，エビ，イヌは，それぞれＡ，Ｂのどちらのグループにあてはま
るか。　　イワシ（　　　　　）　　エビ（　　　　　）　　イヌ（　　　　　）

【 背骨のある動物のなかまの運動のしかた 】

❷ 表は，5 種類の動物のなかまと，それぞれのなかま
の代表的な動物をまとめたものの一部である。次の
問いに答えなさい。

	名称	動物
Ａ	魚類	フナ
Ｂ		ヒキガエル
Ｃ	は虫類	ニホントカゲ
Ｄ	鳥類	キジバト
Ｅ		ニホンザル

☐ ❶ 動物のなかまＢ，Ｅは何か。その名称を答えなさい。
　　　　　　Ｂ（　　　　　）　　Ｅ（　　　　　）

☐ ❷ ヘビ，ペンギンは，それぞれどの動物のなかまか。
A〜Ｅから選びなさい。　　ヘビ（　　　）　　ペンギン（　　　）

☐ ❸ 体を使ってはったり，あしを使ったりして移動する動物はどのなかまか。
A〜Ｅから選びなさい。

☐ ❹ 生まれた子は水中に泳ぎ出し，成長すると前後のあしを使って水中
を泳いだり，陸上を移動したりする動物はどのなかまか。A〜Ｅか
ら選びなさい。

☐ ❺ 多くが陸上で一生を過ごす動物はどのなかまか。
A〜Ｅから全て選びなさい。

・・・

🔦ヒント ❶❶ ヤモリはは虫類，アマガエルは両生類，キンギョは魚類である。

❌ミスに注意 ❷❺ 子のときと成長してからで，過ごす場所が変わる動物もいる。

［解答 ▶ p. 2 - 3 ］

【背骨のある動物の呼吸のしかたと体の表面のようす】

❸ 表は，動物のなかまの呼吸のしかたと体の表面のようすをまとめたものである。次の問いに答えなさい。

	呼吸のしかた	体の表面のようす
X	肺	やわらかい毛
鳥類	肺	（D）
は虫類	（A）	（E）
Y	えら	うろこ
両生類	子は（B）と皮ふ 成長すると（C）と皮ふ	（F）

□ ❶ 表のX，Yの動物のなかまは何か。その名称を答えなさい。

X（　　　　） Y（　　　　）

□ ❷ 表の（A）～（C）にあてはまる呼吸のしかたはそれぞれ何か。その名称を答えなさい。

（A）（　　　　） （B）（　　　　） （C）（　　　　）

□ ❸ 表の（D）～（F）にあてはまる体の表面のようすはそれぞれ何か。㋐～㋓から選びなさい。

（D）（　　　） （E）（　　　） （F）（　　　）

㋐ やわらかい毛　㋑ うろこ

㋒ 羽毛　㋓ 湿った皮ふ

体の表面のようすは，生活している場所と関係しているね。

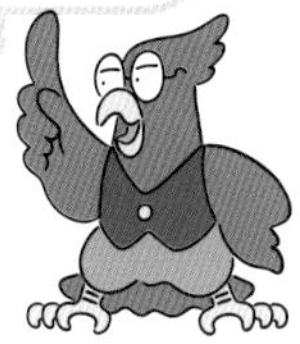

【背骨のある動物の子の生まれ方】

❹ 表は，背骨のある動物の子の生まれ方についてまとめたものである。次の問いに答えなさい。

	子の生まれ方	卵が育つ場所
ニホンザル	卵を産まない	
ヒバリ	卵を産む	陸上
		A
トカゲ	卵を産む	
		B
トノサマガエル	卵を産む	
		C
コイ	卵を産む	水中

□ ❶ ニホンザルのように，雌の体内で卵が育ち，子としての体ができてから生まれることを何というか。その名称を答えなさい。（　　　　）

□ ❷ トカゲの卵には殻があるか，ないか。（　　　　）

□ ❸ トノサマガエルは1回に何個の卵を産むか。㋐～㋓から選びなさい。（　　　）

㋐ 4～6個　㋑ 6～12個

㋒ 約2000個　㋓ 18万～53万個

□ ❹ 卵が育つ場所が，水中であるか陸上であるかを分けるのは，表のA～Cのどこか。（　　　）

□ ❺ コイ，トノサマガエル，トカゲ，ヒバリのうち，親が世話をすることによって卵がかえるものはどれか。（　　　　）

[ヒント] ❹❸ 1回に産む卵の数は，おおむね魚類，両生類，は虫類，鳥類の順に多い。

【ライオンとシマウマの体のつくり】

5 図は，ライオンとシマウマの頭部の骨格で，A～Cは歯を表している。あとの問いに答えなさい。

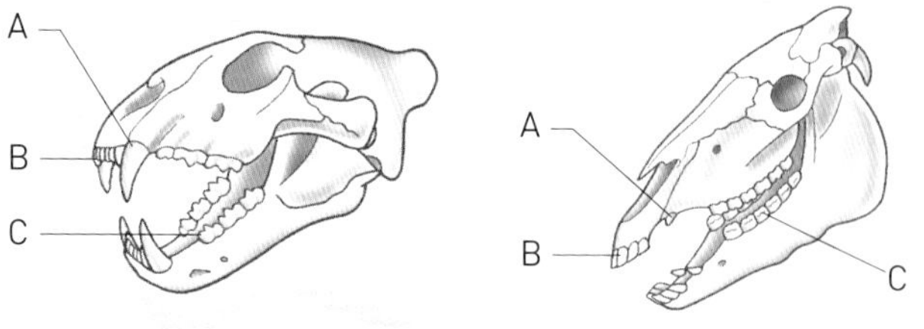
A
B
C
A
B
C

□ 1 ライオンのように，主に他の動物を食べる動物を何というか。
その名称を答えなさい。

□ 2 シマウマのように，主に植物を食べる動物を何というか。
その名称を答えなさい。

□ 3 図のA～Cの歯をそれぞれ何というか。その名称を答えなさい。

A　　　B　　　C

□ 4 シマウマのB，Cの歯は，それぞれどのようなことに役立っているか。
㋐～㋒から選びなさい。　B　　　C
㋐ 肉を食いちぎる。
㋑ 草を食いちぎる。
㋒ 細かくすりつぶす。

□ 5 ライオンとシマウマは，図のA～Cのどの歯が発達しているか。
2つずつ選びなさい。　ライオン　　　シマウマ

□ 6 ライオンとシマウマのあしのようすは，㋐，㋑のどちらか。

ライオン　　　シマウマ

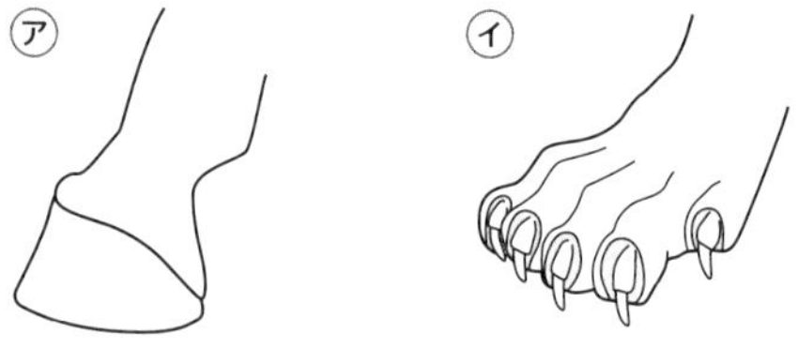
㋐
㋑

□ 7 ライオンとシマウマの目のつき方の特徴(とくちょう)はそれぞれどれか。㋐～㋓から選びなさい。　ライオン　　　シマウマ
㋐ 2つの目が前方を向いているので，広い範囲(はんい)を見ることができる。
㋑ 2つの目が前方を向いているので，立体的に見える範囲が広い。
㋒ 2つの目が側方を向いているので，広い範囲を見ることができる。
㋓ 2つの目が側方を向いているので，立体的に見える範囲が広い。

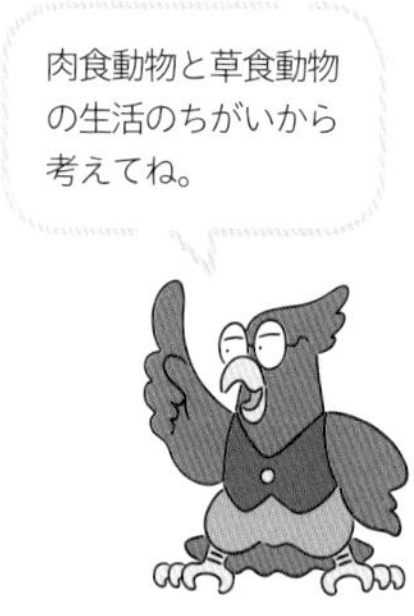
肉食動物と草食動物の生活のちがいから考えてね。

ヒント 5 6 ライオンのあしは，獲物(えもの)をとらえるためのつくりをしている。

[解答▶p. 3]

Step 1　基本チェック　3章 動物のなかま（2）

10分

単元1

■ 赤シートを使って答えよう！

❸ 無脊椎動物　▶ 教 p.56-60

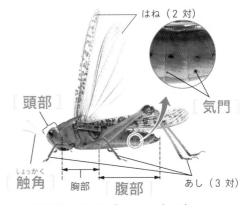

はね（2 対）

[頭部]

[気門]

[触角]　胸部　[腹部]

あし（3 対）

節足動物・昆虫類（トノサマバッタ）

☐ 体の外側を覆っている [外骨格] というかたい殻があり，体が多くの節でできている動物を [節足動物] という。

☐ 節足動物には，ザリガニやエビなどの [甲殻類]，バッタやチョウなどの [昆虫類]，クモ類などがある。

☐ 甲殻類の多くは水中で生活し，[えら] で呼吸する。

☐ 昆虫類は，体が [頭部]，[胸部]，[腹部] の3つに分かれており，あしが [3] 対ある。

☐ 昆虫類の胸部や腹部には，[気門] があり，そこから空気をとり入れて呼吸する。

☐ 節足動物は，外骨格が大きくならないので，成長するときは [脱皮] する。

☐ アサリのなかま（二枚貝），マイマイ（かたつむり）やタニシのなかま（巻き貝），タコやイカなどのなかまを [軟体動物] という。

☐ 軟体動物の体には，内臓とそれを包みこむ [外とう膜]，節のないやわらかい [あし] がある。

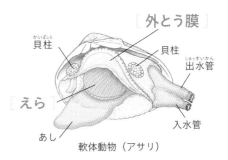

[外とう膜]

貝柱　貝柱

出水管

[えら]

入水管

あし

軟体動物（アサリ）

☐ **無脊椎動物の体のつくり**

❹ 動物の分類　▶ 教 p.61-62

	哺乳類	鳥類	は虫類	両生類	魚類	節足動物	軟体動物	その他
背骨の有無	ある					ない		
子の生まれ方	胎生	卵生						
呼吸のしかた	肺			子はえら・皮ふ 成長すると肺・皮ふ	えら	気門など	えら・肺	

☐ **動物の分類の例**

 動物の分類はよく出る。それぞれの特徴をしっかり整理しておこう！

Step 2 予想問題　　**3章 動物のなかま（2）**

20分
（1ページ10分）

【 背骨のない動物 】

❶ 表は，体が多くの節からできている動物を，特徴によって分類してまとめたものである。次の問いに答えなさい。

グループA	ザリガニ，エビ
グループB	バッタ，チョウ
グループC	クモ，サソリ

☐ ❶ 表の動物のなかまをまとめて何というか。
　　その名称を答えなさい。　　　　　（　　　　　）

☐ ❷ 体が多くの節からできていること以外に，表の動物に共通する特徴は
　　どれか。㋐〜㋑から選びなさい。
　　㋐ 体が頭胸部と腹部に分かれている。
　　㋑ えらで呼吸する。
　　㋒ あしが3対ある。
　　㋓ 体の外側にかたい殻がある。

体のつくりや運動のようすから考えてね。

☐ ❸ グループA，Bのなかまをそれぞれ何というか。その名称を答えなさい。　　A（　　　　　）　　B（　　　　　）

☐ ❹ グループA〜Cのうち，カブトムシはどれにあてはまるか。（　　　　　）

【 昆虫類の体のつくり 】

❷ 図は，モンシロチョウの体のつくりを表したものである。次の問いに答えなさい。

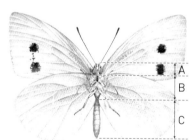

☐ ❶ A〜Cの部分を，それぞれ何というか。
　　その名称を答えなさい。
　　　　A（　　　）　B（　　　）　C（　　　）

☐ ❷ モンシロチョウなどの昆虫類の体はかたい殻で覆われ，
　　体を支えたり内部を保護したりしている。この殻を何
　　というか。その名称を答えなさい。　　（　　　　　）

☐ ❸ モンシロチョウなどの昆虫類は，どの部分から空気をとり入れて
　　呼吸するか。その名称を答えなさい。　　（　　　　　）

☐ ❹ モンシロチョウなどの昆虫類は大きくなるために，何をしながら
　　成長するか。その名称を答えなさい。　　（　　　　　）

🔦ヒント ❷❹ かたい殻は大きくならないので，古い骨格を脱ぎ捨てる必要がある。

【 イカの体のつくり 】

❸ **イカの体のつくりについて，次の問いに答えなさい。**

☐ ❶ イカの内臓を包んでいる膜を何というか。その名称を答えなさい。
（　　　　　　　　）

☐ ❷ イカはどこで呼吸するか。その名称を答えなさい。
（　　　　　　　　）

☐ ❸ イカには骨格がなく，全身にある筋肉で体を動かす。このような動物
のなかまを何というか。その名称を答えなさい。
（　　　　　　　　）

☐ ❹ ❸の動物を，㋐～㋕から全て選びなさい。　　（　　　　　　　　）
㋐ バッタ　　　㋑ マイマイ　　　㋒ タニシ
㋓ アサリ　　　㋔ カニ　　　　　㋕ クラゲ

【 動物の分類 】

❹ **図のA～Eの動物について，次の問いに答えなさい。**

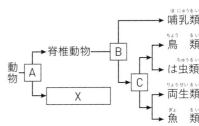

☐ ❶ これらの動物に共通していることは何か。
（　　　　　　　　）

☐ ❷ ❶のような動物を何というか。その名称を答えなさい。
（　　　　　　　　）

☐ ❸ 体やあしに節があるなかまを，A～Eから全て選びなさい。
（　　　　　　　　）

☐ ❹ ❸のような動物を何というか。その名称を答えなさい。
（　　　　　　　　）

【 動物のなかま分け 】

❺ **図は，動物のなかま分けをしたものである。次の問いに答えなさい。**

☐ ❶ A～Cのなかま分けは，㋐～㋒のどの観点で分けたも
のか。　　A（　）　　B（　）　　C（　）
㋐ 胎生か，卵生か。
㋑ 卵に殻があるか，ないか。
㋒ 背骨があるか，ないか。

☐ ❷ Xにあてはまる動物のなかまを何というか。その名称を答えなさい。
（　　　　　　　　）

```
                          ┌──→ 哺乳類
         脊椎動物─→ B ┤
動物─ A ┤              │  ┌─→ 鳥類
         │            └─ C┤
         │                 ├→ は虫類
         └─── X ───        ├→ 両生類
                           └→ 魚類
```

・・

⊗ミスに注意 ❸❹❸の動物には，イカの他にも多くの動物が含まれる。

❗ヒント ❹Aはバッタ，Bはイカ，Cはエビ，Dはクラゲ，Eはミミズである。

Step 3　予想テスト　　**単元 1　生物の世界**

30分　　/100点　目標 70点

❶ **図1のような実験器具を使って，タンポポの花を観察した。これについて，次の問いに答えなさい。**

☐ ❶ 図1の実験器具の名称を答えなさい。技

☐ ❷ 図1の実験器具のA〜Cの部分の名称を答えなさい。技

☐ ❸ 図1の実験器具は，両目で観察するため，どのように見えるか。思

☐ ❹ 図2は観察したタンポポのスケッチである。思
　　① ⓐ，ⓑの部分の名称を答えなさい。
　　② 受粉後，成長して果実になる部分は，ⓐ〜ⓔのどこか。記号と名称を答えなさい。

図1 　図2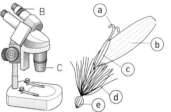

❷ **アブラナとマツの花について，図1〜3を見て，次の問いに答えなさい。**

☐ ❶ 柱頭に花粉がついた後，図1のⓄは何になるか。その名称を答えなさい。

☐ ❷ 図2のAは雄花，雌花のどちらか。

☐ ❸ 図3のCはA，Bどちらのりん片か。

☐ ❹ 図3のⓐ，ⓑは，図1のⓐ〜ⓚのどの部分にあたるか。それぞれの記号と，選んだ記号の部分の名称を答えなさい。

☐ ❺ 図3のEは，C，Dのどちらの部分が変化したものか。

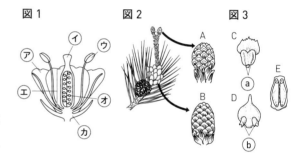

❸ **図は，イネ，サクラ，イチョウ，スギナを分類したものである。次の問いに答えなさい。** 思

☐ ❶ P，Qにあてはまる特徴を次からそれぞれ選びなさい。
　　ⓐ 子葉が2枚で，主根と側根をもつ。
　　ⓘ 胚珠が子房の中にある。
　　ⓤ 花を咲かせる。

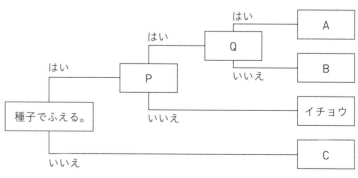

☐ ❷ イネ，スギナがあてはまるものをA〜Cからそれぞれ選びなさい。

❹ 8種類の動物を，㋐〜㋕の特徴によって図のA〜Fのグループに分けた。あとの問いに答えなさい。

㋐ 一生，肺で呼吸する。
㋑ 背骨がある。
㋒ 外とう膜をもち，体に節がない。
㋓ 子のときと成長したときで，呼吸のしかたが異なる。
㋔ 乳を飲んで育つ。
㋕ 外骨格をもつ。

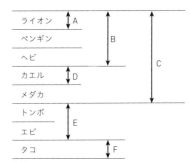

□ ❶ A〜Fは，㋐〜㋕のどの特徴をもつグループか。

□ ❷ Cのグループのうち，体がうろこで覆われているものを，次の⒜〜ⓔから全て選びなさい。
  ⒜ ライオン　　ⓑ ペンギン　　ⓒ ヘビ
  ⓓ カエル　　　ⓔ メダカ

□ ❸ Dと同じ特徴をもつ動物のグループを何というか。その名称を答えなさい。

□ ❹ Eのグループのうち，エビと同じなかまに分類される動物を次の⒜〜ⓓから選びなさい。
  ⒜ トノサマバッタ　　ⓑ カブトムシ
  ⓒ カニ　　　　　　　ⓓ アゲハ

□ ❺ ㋓の特徴をもつグループの動物について，子のときと成長したときの呼吸のしかたを次の⒜〜ⓓからそれぞれ選びなさい。
  ⒜ えらのみ　　ⓑ えらと皮ふ　　ⓒ 肺のみ　　ⓓ 肺と皮ふ

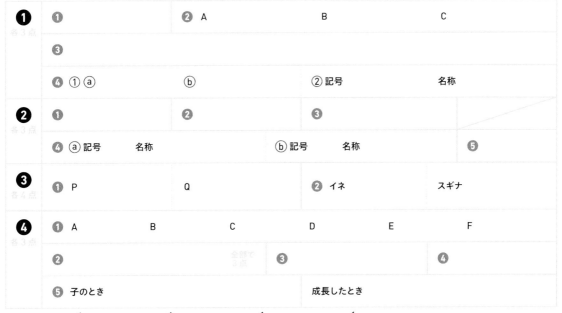

Step 1 基本チェック ● 1章 いろいろな物質

⏱ 10分

■ 赤シートを使って答えよう！

❶ 身のまわりの物質　▶教 p.80-85

☐ ものをつくっている材料に注目するとき，
それを［物質］という。

☐ 加熱すると黒く焦げて［炭（炭素）］になったり，
燃えて［二酸化炭素］を発生したりする炭素を含む
物質を［有機物］という。

☐ 有機物以外の物質を［無機物］という。

☐ 食塩やガラスは加熱しても燃えないので，［無機物］である。

☐ スチールウール（鉄）は加熱すると燃えるが，［二酸化炭素］を発生しな
いので［無機物］である。

燃焼さじがよごれな
いようにアルミニウ
ムはくを巻いておく。

石灰水

石灰水が白くにごったときは，
［二酸化炭素］が発生した。
↓
［有機物］である。

☐ 有機物

❷ 金属の性質　▶教 p.86-87

☐ 金属には，磨くと輝く（［金属光沢］），たたく
とうすく広がる（展性），引っ張るとのびる（延性），
［電流］が流れやすく，［熱］が伝わりやすい，
という共通の性質がある。

☐ 金属でない物質を［非金属］という。

［金属］	［非金属］
鉄，アルミニウム，銅など	ガラス，プラスチック，木，ゴム　など
鉄 アルミニウム 銅	

・磨くと輝く（［金属光沢］）。
・たたくと広がり（展性），引っ張るとのびる（延性）。
・電流が流れやすく，熱が伝わりやすい。

☐ 金属と非金属

❸ 密度　▶教 p.88-91

☐ 一定の体積当たりの質量を［密度］といい，ふ
つう1cm³当たりの質量で表す。　単位は
［g/cm³］（グラム毎立方センチメートル）のよう
に表される。

$$密度〔g/cm³〕＝\frac{物質の［質量］〔g〕}{物質の［体積］〔cm³〕}$$

g/cm³はg÷cm³の
ことだよ。

テストに出る

有機物と無機物，金属と非金属のちがいをしっかり理解しよう！
固体が液体に浮くときは，固体の密度の方が小さいことを覚えておこう！

Step 2 　予想問題 　**1章 いろいろな物質**

⏱ 30分 （1ページ10分）

【 ガスバーナーの使い方 】

❶ ガスバーナーについて，次の問いに答えなさい。

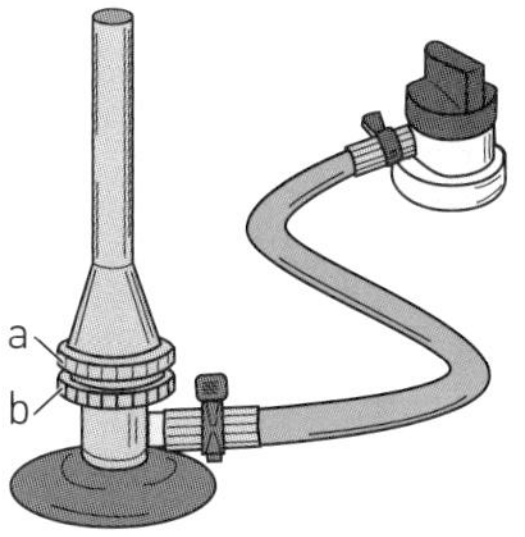

□ ❶ 図のa，bのねじの名称をそれぞれ書きなさい。

　　　 a （　　　　　　　　　） 　b （　　　　　　　　）

□ ❷ 炎の大きさを調節するときには，a，bどちらのねじを回すか。

　　　　　　　　　　　　　　　　　　　　（　　　　　）

□ ❸ 炎の色を調節するには，a，bどちらのねじを回して，

　　 何色の炎にするか。　　 ねじ（　　　）　　 色（　　　　　）

a
b

□ ❹ 次の⑦〜⑦は，ガスバーナーの火のつけ方についての文である。

　　 正しい順に並べなさい。　（　　　→　　　→　　　→　　　→　　　）

　　 ⑦ ガス調節ねじを少しずつ開いてガスを出す。

　　 ⑦ 空気調節ねじを少しずつ開いて空気を入れる。

　　 ⑦ 2つのねじが閉まっているかを確かめる。

　　 ⑦ 元栓を開く。　 ⑦ マッチに火をつけ，ガスバーナーの先端に近づける。

2つのねじは，ガス調節ねじと空気調節ねじだよ。

【 白い粉末の区別 】

❷ 3種類の白い粉末A，B，Cを区別するため，次の実験を行った。白い粉末は砂糖，食塩，片栗粉のいずれかである。あとの問いに答えなさい。

実験1 燃焼さじに調べる物質を少量とり，ガスバーナーで加熱した。

実験2 実験1で火がついて燃えた物質については，集気瓶の中に入れ，火が消えたらとり出し，集気瓶の中に石灰水を入れてよく振った。

結果

	A	B	C
実験1	燃えて黒く焦げた。	溶けて茶色になり，黒く焦げた。	燃えなかった。
実験2	白くにごった。	白くにごった。	—

□ ❶ A，Bのように，加熱すると燃えて黒く焦げる物質を何というか。

　　 その名称を答えなさい。　　（　　　　　　　　　）

□ ❷ ❶以外の物質を何というか。その名称を答えなさい。　　（　　　　　　　　　）

□ ❸ 実験2より，A，Bで発生した物質の名称を答えなさい。　（　　　　　　　　　）

□ ❹ A，B，Cはそれぞれ何か。A （　　　　　　） 　B （　　　　　　） 　C （　　　　　　）

🕯ヒント ❶❹火をつけるときには，元栓からガスバーナーの先端に向かって順に開いていく。

【物質の分類】

3 ㋐～㋘の物質について，あとの問いに答えなさい。

㋐ ガラス　㋑ プラスチック　㋒ 紙　㋓ 鉄
㋔ エタノール　㋕ アルミニウム　㋖ 酸素　㋗ 砂糖　㋘ 水

□ 1 ㋐～㋘の物質のうち，有機物（ゆうきぶつ）はどれか。全て選びなさい。
（　　　　）

□ 2 有機物を加熱したときに発生する気体は何か。その名称を答えなさい。
（　　　　）

□ 3 ㋐～㋘の物質のうち，金属はどれか。全て選びなさい。
（　　　　）

□ 4 金属は次のⓐ～ⓒのうち，どれに分類されるか。（　　）
ⓐ 有機物　ⓑ 無機物（むきぶつ）　ⓒ 有機物でも無機物でもない

【金属の性質】

4 金属の性質について，次の問いに答えなさい。

□ 1 金属には磨（みが）くと輝（かがや）く性質がある。この輝きを何というか。
その名称を答えなさい。（　　　　）

□ 2 金属に共通する性質は，次のどれか。全て選びなさい。（　　　　）
㋐ たたくと広がり，引っ張るとのびる。
㋑ 磁石に引きつけられる。
㋒ 電流が流れやすい。
㋓ 熱が伝わりやすい。

□ 3 金属ではない物質を何というか。（　　　　）

【密度（みつど）】

5 図のように，1 cm^3の発泡（はっぽう）ポリスチレンと鉄を用意し，上皿（うわざら）てんびんの左右の皿にそれぞれ置いた。次の問いに答えなさい。

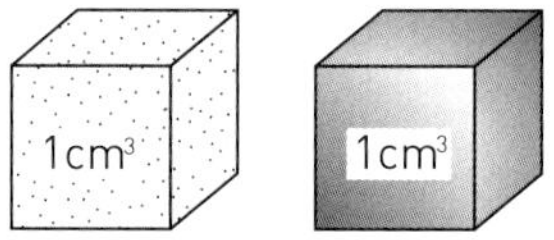

発泡ポリスチレン　鉄

□ 1 発泡ポリスチレンと鉄のどちらの方が重いか。（　　　　）

□ 2 1のとき，体積をそろえることで2つの物質の何を比べていることになるか。
（　　　　）

□ 3 発泡ポリスチレンと鉄を同じ質量ずつとり，体積を比べた。どちらの体積が大きいか。（　　　　）

[ヒント] 3 1 有機物は炭素を含（ふく）む物質である。

[ミスに注意] 5 1 重いか軽いかを，同じ体積にして比べている。

[解答▶p. 5 - 6]

【 密度 】

❻ 表は，4種類の金属の密度を示したものである。次の問いに答えなさい。

物質	密度〔g/cm³〕
鉄	7.87
銅	8.96
アルミニウム	2.70
水銀	13.53

□ ❶ アルミニウム405 gの体積は何cm³か。

密度の式に値(あたい)をあてはめて計算しよう。

□ ❷ 表の金属を同じ質量ずつとって体積を比べたとき，体積が最も小さいのはどの物質か。その名称を答えなさい。　　　　　　　（　　　　　　　　　　）

□ ❸ 水銀200 cm³の質量は何gか。　　　　　　　　　　（　　　　　　　　　　）

□ ❹ 表の中のある物質20.0 cm³の質量は179.0 gであった。
　　① この物質の密度は何g/cm³か。　　　　　　　（　　　　　　　　　　）

　　② この物質は，何と考えられるか。その名称を答えなさい。（　　　　　　　　　　）

□ ❺ 液体の水銀の中に，アルミニウムのかたまりを入れた。アルミニウムは浮くか，沈むか。　　（　　　　　　　　　　）

【 メスシリンダーの使い方 】

❼ 100 mL用のメスシリンダーを用いて水の体積をはかった。次の問いに答えなさい。

□ ❶ メスシリンダーはどのような台の上に置くか。　（　　　　　　　　　　）

□ ❷ メスシリンダーの目盛りの正しい読み方は，次のどれか。（　　　　　　　　）

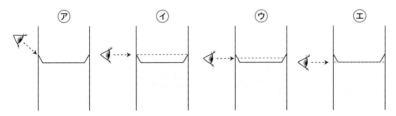

ア　　　　　イ　　　　　ウ　　　　　エ

□ ❸ メスシリンダーの目盛りを読みとるときは，最小目盛りのどこまでの細かさを目分量で読むか。　　　（　　　　　　　　　　）

□ ❹ 右の図の水の体積は何mLか。　（　　　　　　　　）

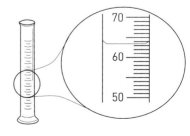

Step 1 基本チェック　**2章 気体の発生と性質**　 10分

■ 赤シートを使って答えよう！

❶ 身のまわりの気体 ▶教 p.92-97

※二酸化炭素は空気より密度が大きく，水に少ししか溶けないので，水上置換法でも下方置換法でも集めることができる。

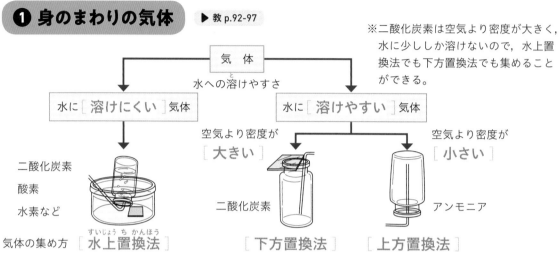

```
              気　体
            水への溶けやすさ
     ┌──────────┴──────────┐
水に[溶けにくい]気体      水に[溶けやすい]気体

                    空気より密度が              空気より密度が
                    [大きい]                   [小さい]
二酸化炭素                        ┌──────────┴──────────┐
酸素
水素など
                    二酸化炭素              アンモニア
気体の集め方 [水上置換法]  [下方置換法]        [上方置換法]
```

☐ **気体の集め方**

☐ 酸素は，うすい [過酸化水素水]（オキシドール）が二酸化マンガンにふれると発生する。ものを [燃やす] はたらき（助燃性）がある。空気の体積の約 [2] 割を占める。

☐ 二酸化炭素は，[石灰石] を塩酸に入れると発生する。水に少し溶け，水溶液は [酸性] を示す。[石灰水] を白くにごらせる。

酸素も二酸化炭素も色やにおいはないよ。

❷ いろいろな気体の性質 ▶教 p.98-101

☐ 窒素は，空気の約 [8] 割を占める。自ら燃えたり，ものを燃やしたりする性質は [ない]。

☐ 水素は，[塩酸] に鉄や亜鉛などの金属を入れると発生する。最も [密度] が小さい。酸素と混ざると，火にふれたとき爆発的に [燃える]。

☐ アンモニアは，[塩化アンモニウム] と水酸化ナトリウムを混合し，少量の水を加えると発生する。空気より密度が [小さく]，[水] によく溶け，水溶液は [アルカリ性] を示す。特有の [刺激臭] がある。

テストに出る　気体の性質と気体の集め方は，関連づけて覚えよう！
いろいろな気体の性質と発生方法は，しっかり整理しておこう！

Step 2　予想問題　：2章 気体の発生と性質

30分
（1ページ10分）

単元2

【気体の集め方】

❶ 図は，気体を集める方法を示したものである。これについて，あとの問いに答えなさい。

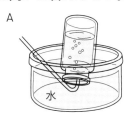
A

B

C

☐ ❶ A〜Cの方法をそれぞれ何というか。その名称（めいしょう）を答えなさい。

A（　　　　　　　）　B（　　　　　　　）　C（　　　　　　　）

☐ ❷ 次のような気体を集めるのに適（てき）した方法を，それぞれA〜Cから選びなさい。

① 水に溶（と）けやすく，空気より密度（みつど）が小さい気体　（　　　）

② 水に溶けやすく，空気より密度が大きい気体　（　　　）

③ 水に溶けにくい，または少し溶ける気体　（　　　）

【二酸化炭素の発生】

❷ 図1のように，石灰石（せっかいせき）をうすい塩酸に入れて二酸化炭素を発生させた。次の問いに答えなさい。

☐ ❶ 二酸化炭素を石灰水に通すと，石灰水はどうなるか。

（　　　　　　　　　　　　　　　　　）

☐ ❷ 二酸化炭素を試験管に $\frac{2}{3}$ ほど集めて栓（せん）をし，図2のように左右によく振（ふ）る。その後，図3のように水の中で逆さにして栓をとると，試験管の中はどのようになるか。次から選びなさい。　（　　　）

㋐ 水面が少し上がる。

㋑ 水面が少し下がる。

㋒ 水でいっぱいになる。

☐ ❸ ❷のようになったのはなぜか。

（　　　　　　　　　　　　　　　　　　　　　　　）

図1

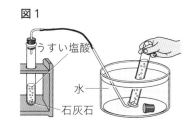

うすい塩酸

水

石灰石

図2　　　　　図3

左右によく振る

水

....

🔍ヒント　❶❷気体の性質によっては，集めることのできない方法がある。

【いろいろな気体の発生】

❸ 次の問いに答えなさい。

図1

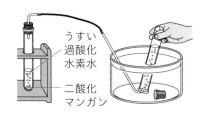

□ ❶ 図1のような方法で発生する気体は何か。
その名称を答えなさい。

□ ❷ 図1で発生した気体の中に火のついた線香を入れると，
線香の火はどうなるか。

□ ❸ 図2のような方法で発生する気体は何か。
その名称を答えなさい。

図2

□ ❹ 図2で発生した気体を乾いた試験管にうつして，試験管
の口にマッチの火を近づけた後，試験管を見るとどうな
っているか。

【アンモニアの性質】

❹ アンモニアについて，次の問いに答えなさい。

□ ❶ アンモニアを発生させる方法は，次のどれか。
　㋐ 塩酸に石灰石を入れる。
　㋑ 塩酸に亜鉛を入れる。
　㋒ 塩化アンモニウムと水酸化ナトリウムを混ぜ，少量の水を加える。
　㋓ 二酸化マンガンにうすい過酸化水素水を加える。

□ ❷ アンモニアは，水上置換法でも下方置換法でも集められず，上方置換法
でしか集められない。これは，アンモニアにどんな性質があるからか。

□ ❸ 乾いた丸底フラスコにアンモニアを集め，図のようなゴム栓を
つけ，フェノールフタレイン液を加えた水につけたところ，水
が吸い上げられて噴水ができた。
① 丸底フラスコの中にふき出した水は，何色になったか。

② ①より，丸底フラスコの中にふき出した水は，酸性か，アル
カリ性か。

- -

🔦ヒント ❹❸フェノールフタレイン液（無色）は，ある性質の水溶液のときだけ色が変わる。

⚠ミスに注意 ❹❷水の溶けやすさと密度の大きさについて答える。

［解答 ▶ p. 6］

【いろいろな気体の性質】

❺ 表は，4種類の気体A，B，C，Dのそれぞれ
の性質を示したものである。次の問いに答えな
さい。ただし，A～Dは酸素，水素，アンモニア，
二酸化炭素のいずれかである。

気体	におい	空気と比べた密度	水への溶け方	その他
A	ない	小さい	溶けにくい	空気中で火をつけると，爆発的に燃える
B	ない	大きい	少し溶ける	石灰水を白くにごらせる
C	ない	ほぼ同じ	溶けにくい	ものを燃やす
D	ある	小さい	よく溶ける	水溶液はアルカリ性

□ ❶ 気体Aは，塩酸にある金属を入れると発生する。
その金属は，次のどれか。　　　　　（　　　）
　　㋐ 銅　　㋑ 鉄　　㋒ 金　　㋓ 水銀

□ ❷ 気体Cと気体Dを集めるのに最も適当な方法を
それぞれ答えなさい。
　　C（　　　　　　　）　　D（　　　　　　　）

□ ❸ A～Dの気体はそれぞれ何か。その名称を答えなさい。
　　A（　　　　　　　）　　B（　　　　　　　）
　　C（　　　　　　　）　　D（　　　　　　　）

【いろいろな気体の性質】

❻ ㋐～㋓の4種類の気体について，次の問いに答えなさい。

㋐ 塩素	㋑ アンモニア
㋒ 窒素	㋓ 硫化水素

□ ❶ においのない気体はどれか。　　　　　（　　　）

□ ❷ 水でぬらした赤色リトマス紙を青色にする気体はどれか。
　　　　　　　　　　　　　　　　　　　　（　　　）

□ ❸ インクの色を消す気体はどれか。　　　（　　　）

□ ❹ 水溶液が酸性である気体を2つ選びなさい。（　　　）（　　　）

□ ❺ 火山ガスの成分である気体はどれか。　（　　　）

【いろいろな気体の性質】

❼ いろいろな気体について，次の問いに答えなさい。

□ ❶ 塩酸に石灰石を入れて発生させる気体はどれか。（　　　）
　　㋐ 水素　　　　　　㋑ 酸素
　　㋒ アンモニア　　　㋓ 二酸化炭素

□ ❷ 上方置換法でなければ集められない気体はどれか。（　　　）
　　㋐ 塩素　　　　　　㋑ 水素
　　㋒ アンモニア　　　㋓ 塩化水素

それぞれの気体の，特徴（とくちょう）的な性質から判断しよう。

💡ヒント　❻❷水溶液がアルカリ性の気体である。
　　　　　❼❷水に溶けやすく，空気より密度が小さい気体である。

| Step 1 | 基本チェック | 3章 物質の状態変化（1） | 10分 |

■ **赤シートを使って答えよう！**

❶ 状態変化と質量・体積 ▶ 教 p.102-106

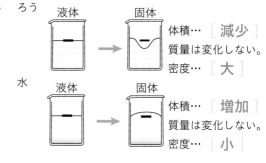

□ 物質の状態が，固体⇔［液体］⇔［気体］
と変化することを，物質の［状態変化］という。

□ 物質が状態変化すると，体積は変化するが，
［質量］は変化しない。状態が変わるだけで，
別の物質には［ならない］。

□ ほとんどの物質は液体から固体になると，体積
は［減少］し，密度は［大きく］なる。

□ 水は例外で，液体から固体になると，体積は
［増加］し，密度は［小さく］なる。その
ため，氷を水の中に入れると［浮く］。

□ 状態変化と体積・質量・密度

体積…［減少］
質量は変化しない。
密度…［大］

体積…［増加］
質量は変化しない。
密度…［小］

液体より固体の方が密度が小さいと，固体は液体に浮くよ。

□ 物質は液体から気体になると，体積は［増加］する。

□ 液体⇔気体の状態変化は，固体⇔液体の状態変化に比べて，体積の変化が
非常に［大きい］。

❷ 状態変化と粒子の運動 ▶ 教 p.107-109

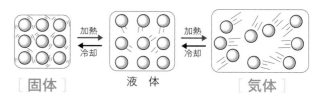
□ 状態変化と粒子の運動

□ 物質は，その性質を示す小さな
［粒子］がたくさん集まってできている。

□ 液体のエタノールを加熱して気体にす
ると，粒子の運動が［激しく］なり，
粒子どうしの距離が［大きく］なって，
体積が増加する。

□ 気体のエタノールを冷やして液体にすると，粒子の運動が［穏やかに］
なり，粒子どうしの距離が［小さく］なって，体積が減少する。

□ 液体のロウを固体にすると，粒子の運動が［穏やかに］なり，粒子どう
しの距離が［小さく］なって，体積が減少する。

□ 固体のロウを液体にすると，粒子の運動が［激しく］なり，粒子どうし
の距離が［大きく］なって，体積が増加する。

 テストに出る　状態変化するとき，密度は体積の変化によって変わることを覚えておこう！

Step 2 　<u>予想問題</u>　：　**3章 物質の状態変化（1）**

20分
（1ページ10分）

単元2

【 ろうの状態変化 】

❶ ビーカーに固体のろうを入れ，図1のようにゆっくり加熱する
と状態が変化した。次に，ビーカーに入っているろうの位置に
目印をつけ，室温でゆっくり冷やした。次の問いに答えなさい。

図1

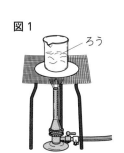
ろう

□ ❶ 加熱すると，固体のろうはどのような状態に変化するか。

（　　　　　）

□ ❷ ❶の状態のろうを冷やすと，ろうはどのような状態に変化するか。

（　　　　　）

図2
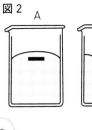
A　　　B

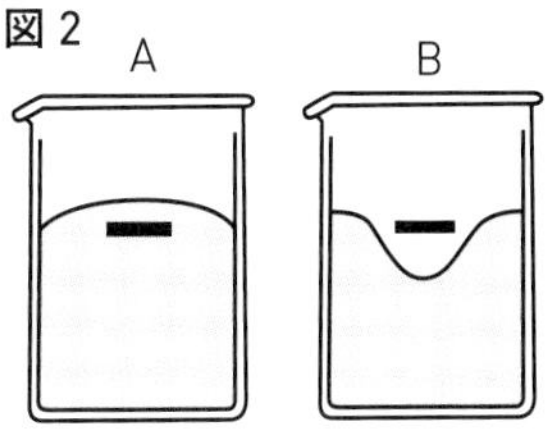

□ ❸ 加熱した固体のろうを室温でゆっくり冷やしたときのようすは，
図2のA，Bのどちらか。　（　　　　）

□ ❹ 加熱した固体のろうを室温でゆっくり冷やすと，冷やす前と比べ
て質量はどうなるか。次から選びなさい。

（　　　　）

状態変化すると，体積
は変化するよ。

㋐　増加する。

㋑　変わらない。

㋒　減少する。

【 水の状態変化 】

❷ 水の中に氷を，液体のろうの中に固体のろうをそれぞれ入れた。
次の問いに答えなさい。

□ ❶ 水を冷やして氷にすると，体積はどのようになるか。　（　　　　　　）

□ ❷ 水を冷やして氷にすると，質量はどのようになるか。　（　　　　　　）

□ ❸ 図のように，液体の中に固体を入れたとき，固体が液体に浮くのは，水
とろうのどちらか。　（　　　　）

固体

□ ❹ 図のように，固体が液体に浮いたのはなぜか。次から選びなさい。

（　　　　）

液体

㋐　固体と液体の密度が等しいから。

㋑　固体より液体の方が密度が小さいから。

㋒　液体より固体の方が密度が小さいから。

ヒント ❶❹加熱したり冷やしたりしても，粒子そのものの数は変わらない。

ミスに注意 ❷❶液体⇔固体の状態変化では，水は他の物質と体積の変化のようすが異なる。

【 エタノールの状態変化 】

❸ 図のように，空気を抜いた袋に液体のエタノール
　を入れた後，袋に熱湯をかけた。袋の中に入れた
　エタノールの粒子を20個として，次の問いに答え
　なさい。

エタノールの粒子

□ ❶ 袋に熱湯をかけると，袋はどうなるか。　　　　（　　　　　　　）

□ ❷ 袋に熱湯をかけると，袋の中の粒子の数はどうなるか。
　　　次から選びなさい。　　　　　　（　　　　）
　　　㋐ 20個より少なくなる。
　　　㋑ 20個のままである。
　　　㋒ 20個より多くなる。

□ ❸ 袋に熱湯をかけると，袋の中の粒子どうしの距離はどうなるか。
　　　次から選びなさい。　　　　　　（　　　　）
　　　㋐ 大きくなる。　　　㋑ 変わらない。　　　㋒ 小さくなる。

【 物質の状態変化 】

❹ 図について，次の問いに答えなさい。

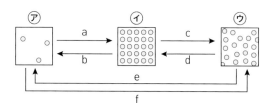

□ ❶ 固体，液体，気体の状態を表している図は，
　　　それぞれ㋐～㋒のどれか。
　　　① 固体　　　　　　　（　　　　）
　　　② 液体　　　　　　　（　　　　）
　　　③ 気体　　　　　　　（　　　　）

□ ❷ 物質の状態が図のように変わるとき，物質は別の種類の物質に変化する
　　　か。　　　　（　　　　　　　）

□ ❸ 物質の状態が図のように変わるとき，物質の質量は変化するか。

　　　　　　　　　　　　　　　　　（　　　　　　　）

□ ❹ 物質の状態が図のように変わるとき，物質の体積は変化するか。

　　　　　　　　　　　　　　　　　（　　　　　　　）

□ ❺ 物質が液体から気体に変わるとき，物質の密度は大きくなるか，
　　　小さくなるか。　　　　　　　（　　　　　　　）

□ ❻ ドライアイスを空気中にしばらく置いておくとなくなっている。この変
　　　化を表しているものをa～fから選びなさい。　　　（　　　　）

□ ❼ 粒子の運動が最も激しいのは，㋐～㋒のどの場合か。　（　　　　）

ヒント ❸❷状態が変化しても，再びもとの状態にもどることができる。
　　　　❹❻ドライアイスは固体の二酸化炭素である。

Step 1 **基本 チェック** ┊ **3章 物質の状態変化（2）** ┊ 10分

■ 赤シートを使って答えよう！

❸ 状態変化と温度 ▶ 教 p.110-114

□ 氷（固体）を加熱すると，［ 0 ］
℃で水（液体）になり始め，全体
が水になるまで［ 0 ］℃のまま
変わらない。さらに加熱すると，
［ 100 ］℃付近で［ 沸騰 <ruby>沸騰<rt>ふっとう</rt></ruby> ］が
始まり，水全体が水蒸気（気体）
になるまで［ 100 ］℃のまま変
わらない。水は状態が変化してい
る間，加熱を続けても温度は
［ 変わらない ］。

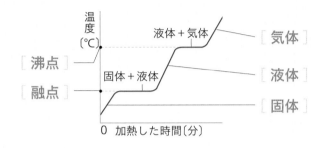

温度〔℃〕

液体＋気体　［ 気体 ］

［ 沸点 ］

固体＋液体　［ 液体 ］

［ 融点 ］　　　　　　　　　　　　［ 固体 ］

0　加熱した時間〔分〕

□ 沸点と融点

□ 液体が沸騰して気体に変化するときの温度を［ 沸点 <ruby>沸点<rt>ふってん</rt></ruby> ］，固体が液体に変化
するときの温度を［ 融点 <ruby>融点<rt>ゆうてん</rt></ruby> ］という。

□ 1種類の物質からできているものを［ 純粋な物質 <ruby>純粋<rt>じゅんすい</rt></ruby> ］といい，融点や沸点
は決まっている。

□ いろいろな物質が混ざり合っているものを［ 混合物 <ruby>混合物<rt>こんごうぶつ</rt></ruby> ］といい，融点や沸
点は決まった温度に［ ならない ］。

℃を摂氏（せっし）温度といい，多くの国で使われている。

❹ 蒸留 ▶ 教 p.115-117

□ 液体を沸騰させて気体にし，それを冷
やして再び液体にして集める方法を
［ 蒸留 <ruby>蒸留<rt>じょうりゅう</rt></ruby> ］という。混合物に含まれるそ <ruby>含<rt>ふく</rt></ruby>
れぞれの物質の［ 沸点 ］のちがいを
利用して，それぞれの物質に分けるこ
とができる。

□ 液体の混合物は，沸騰している間の温
度変化が一定［ ではない ］。

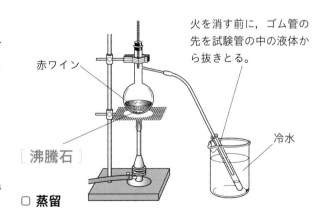

火を消す前に，ゴム管の
先を試験管の中の液体か
ら抜きとる。

赤ワイン

［ 沸騰石 ］

冷水

□ 蒸留

テスト
に出る

物質を加熱すると，状態がどのように変わっていくかを整理しておこう！
蒸留によってとり出した物質は，温度によって異なっていることに注意しよう！

Step **2** 予想問題 **3章 物質の状態変化（2）**

20分
（1ページ10分）

【 水の状態変化と温度 】

❶ 図は，氷をゆっくりと加熱したときの温度変化を示している。次の問いに答えなさい。

□ ❶ 氷が水になり始めたのは，A〜Cのどこか。

□ ❷ ❶のときの温度は何℃か。（　　　）

□ ❸ 水の沸騰が始まったのは，A〜Cのどこか。（　　　）

□ ❹ 水が沸騰し始めた温度は何℃か。（　　　）

□ ❺ ①氷→水，②水→水蒸気と変化している間，それぞれ温度は変化するか。
①（　　　）　　　②（　　　）

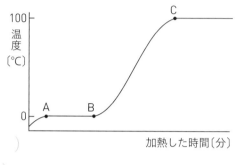

【 物質の状態変化と温度 】

❷ 図は，ある固体の物質を加熱したときの温度変化を示したものである。次の問いに答えなさい。

□ ❶ a〜cでの物質の状態を，㋐〜㋒からそれぞれ選びなさい。
a（　　　）　　b（　　　）　　c（　　　）
㋐ すべて液体　　㋑ すべて固体
㋒ 液体と固体が混ざっている。

□ ❷ グラフの平らな部分では，どんな変化が起こっているか。
（　　　）

□ ❸ ❷のときの温度を何というか。その名称を答えなさい。（　　　）

□ ❹ 表を参考にしてこの物質の物質名を答えなさい。
（　　　）

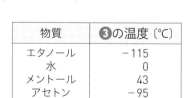

物質	❸の温度〔℃〕
エタノール	−115
水	0
メントール	43
アセトン	−95

□ ❺ 物質の量を半分にして実験を行うと，グラフの平らな部分の温度はどうなるか。次から選びなさい。（　　　）
㋐ 温度が下がる。　　㋑ 温度が上がる。　　㋒ 変わらない。

ヒント ❶❺状態変化が起こっているとき，熱は状態を変化させるために使われる。
ミスに注意 ❷❺融点や沸点は，物質によって決まっている。

　［解答 ▶ p.7-8］

【 物質の状態と温度 】

❸ 表を見て，次の問いに答えなさい。

物質	融点〔℃〕	X〔℃〕
A	1535	2750
B	−39	357
C	63	351
D	−115	78
E	−218	−183

☐ **❶** Xは，物質が沸騰するときの温度である。Xを何というか。その名称を答えなさい。　　（　　　　　）

☐ **❷** 20℃で液体の物質を，A〜Eから全て選びなさい。

（　　　　　　　　）

☐ **❸** A〜Eのうち，酸素と考えられるのはどれか。　（　　　　　）

【 純粋な物質と混合物 】

❹ ㋐〜㋕の物質について，あとの問いに答えなさい。

㋐ ドライアイス　　㋑ 空気　　㋒ 食塩水

㋓ 精製水　　　　　㋔ 海水　　㋕ 一円硬貨

☐ **❶** 混合物を㋐〜㋕から全て選びなさい。

（　　　　　　　　）

☐ **❷** 混合物の融点は決まった温度になるか。

（　　　　　　　　）

身のまわりにある物質には，いろいろな物質が混ざり合っているものが多いね。

【 混合物の加熱 】

❺ 図のような装置で，赤ワイン10mLを弱火で加熱し，3本の試験管A，B，Cの順に約1mLずつ液体を集めた。次の問いに答えなさい。

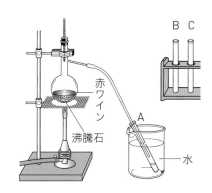

☐ **❶** 試験管A，B，Cの液体をそれぞれ脱脂綿につけ火をつけた。いちばん激しく燃えたのはどれか。

（　　　　　）

☐ **❷** エタノールを最も多く含んでいる液体は，試験管A，B，Cのどの液体か。　（　　　　　）

☐ **❸** 水を最も多く含んでいる液体は，試験管A，B，Cのどの液体か。

（　　　　　）

☐ **❹** 図のように，液体を加熱していったん気体にし，それをまた液体にして集める方法を何というか。その名称を答えなさい。　（　　　　　）

☐ **❺** ❶〜❸の結果から，エタノールと水の沸点について，どんなことがわかるか。

（　　　　　　　　　　　　　　　　　）

ヒント ❺❶エタノールはよく燃える。

ミスに注意 ❹❶1種類の物質のみからできているもの以外は，混合物である。

Step 1 基本チェック　4章 水溶液（1）

10分

■ 赤シートを使って答えよう！

❶ 物質の溶解と粒子　▶教 p.118-121

□ 水に物質が溶（と）けた液体を ［ 水溶液 ］ という。

□ 水溶液には，色がついているものと色がついていないものがあるが，どちらも ［ 透明（とうめい） ］ である。

□ 水溶液に溶けている物質を ［ 溶質（ようしつ） ］，溶質を溶かしている液体を ［ 溶媒（ようばい） ］ という。

□ 溶質が溶媒に溶ける現象を ［ 溶解（ようかい） ］ といい，溶けた液体を ［ 溶液（ようえき） ］ という。

① ［ 溶媒 ］水　　砂糖　　［ 溶質 ］

砂糖水 ［ 溶液 ］ …①が水であるものを水溶液という。

□ 水溶液

溶質は固体だけでなく，気体や液体もあるよ。

□ ［ 水溶液 ］ の質量は，水の質量と ［ 溶質 ］ の質量の和に等しい。

□ 水に溶ける固体は，かき混ぜなくても溶け，ほぼ同心円状に広がっていく。さらに時間がたつと，容器の中の水溶液は ［ 均一 ］ になる。

□ 固体が水に溶けるとき，集まっていた粒子（りゅうし）がばらばらに分かれ，［ 水 ］ の粒子の間に入りこんでいく。

□ ばらばらになった溶質の粒子は，水の粒子の中を散らばって動き回っているので，時間がたっても底に沈（しず）むことは ［ なく ］，固体が見えなくなっても，全体の質量は変化 ［ しない ］。

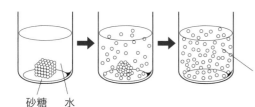

砂糖　水

固体が溶けると透明になり，時間が経過しても色は均一のまま。

□ 物質が水に溶けるようす

テスト
に出る

溶液，溶質，溶媒が示しているものを，しっかり理解しておこう！
固体の物質が水に溶けるときの粒子のようすを，しっかり理解しよう！

Step 2 予想問題　4章 水溶液 (1)

20分
(1ページ10分)

【物質が水に溶(と)けるようす】

1 図のように，水を入れたペトリ皿の下に同心円がかかれた紙を敷(し)き，中心に固体の硫酸銅(りゅうさんどう)を静かに置いた。次の問いに答えなさい。

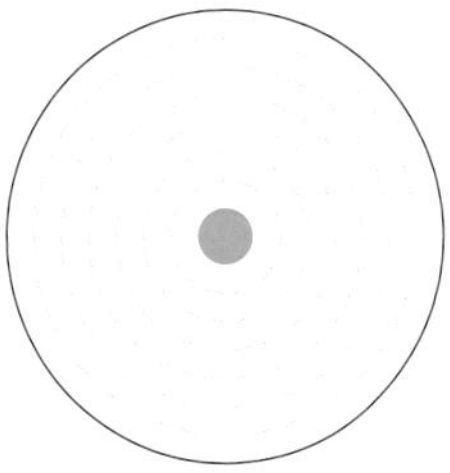

□ ❶ 固体の硫酸銅が水に溶ける現象を何というか。その名称(めいしょう)を答えなさい。（　　　）

□ ❷ 硫酸銅のような物質が水に溶けた液体を何というか。その名称を答えなさい。（　　　）

□ ❸ 硫酸銅を水の中に静かに置いてから3分たつと，ペトリ皿の中の液体はどうなるか。次から選びなさい。（　　　）

㋐ ペトリ皿全体の水に，濃(こ)い色のついた部分ができる。

㋑ 硫酸銅のまわりの水に，濃い色のついた部分ができる。

㋒ ペトリ皿全体の水に，うすい色のついた部分ができる。

□ ❹ 硫酸銅を水の中に静かに置いてから30分たつと，ペトリ皿の中の液体はどうなるか。❸の㋐～㋒から選びなさい。（　　　）

□ ❺ さらに時間がたつと，ペトリ皿の中の液体はどうなるか。

（　　　）

【水溶液(すいようえき)】

2 図のように，食塩を水に入れて食塩水をつくった。次の問いに答えなさい。

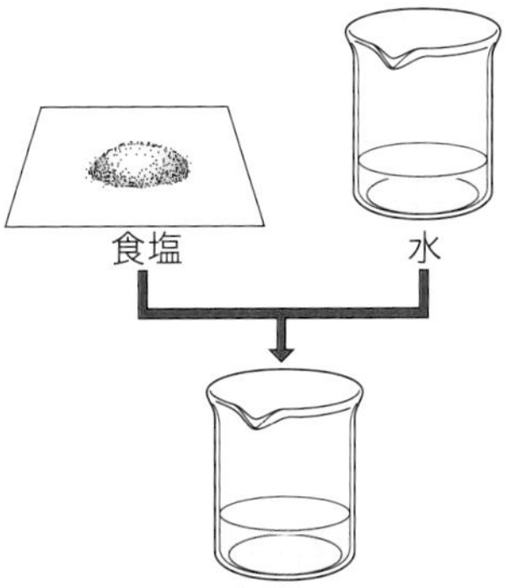

□ ❶ 図で，溶けている食塩を何というか。その名称を答えなさい。

（　　　）

□ ❷ 食塩を溶かしている水を何というか。その名称を答えなさい。

（　　　）

□ ❸ 食塩30 gを水150 gに溶かしたとき，できた食塩水の質量は何gか。（　　　）

□ ❹ 塩酸の❶は何か。その名称を答えなさい。（　　　）

□ ❺ 水溶液の性質は何によって変わるか。（　　　）

ヒント ❷❸溶質(ようしつ)を溶媒(ようばい)に溶かしても，粒子(りゅうし)の数は変化しない。

【 物質が水に溶けるようす 】

❸ 図は，水にコーヒーシュガーを入れた直後の粒子のモデルを表したものである。次の問いに答えなさい。

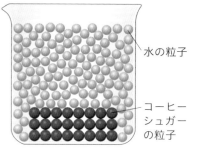

□ ❶ コーヒーシュガーが水に溶け始めると，コーヒーシュガーの粒子はどうなるか。次から選びなさい。

㋐ 小さくなる。

㋑ ばらばらになる。　㋒ 数が減る。

□ ❷ コーヒーシュガーが水に溶けると，溶液の濃さはどのようになるか。次から選びなさい。

㋐ 上の部分は濃く，下の部分はうすくなる。

㋑ 上の部分はうすく，下の部分は濃くなる。

㋒ 均一になる。

□ ❸ コーヒーシュガーの粒子が見えなくなったときの全体の質量は，コーヒーシュガーを入れた直後と比べてどうなるか。次から選びなさい。

㋐ 大きくなる。　㋑ 変わらない。　㋒ 小さくなる。

□ ❹ 一度見えなくなった粒子は，時間がたつと，容器の底に沈むか。

【 物質が水に溶けるようす 】

❹ 水溶液について，次の問いに答えなさい。

□ ❶ 水溶液中では，溶けている物質の粒子はどのようになっているか。次から選びなさい。ただし，枠全体が水を表している。

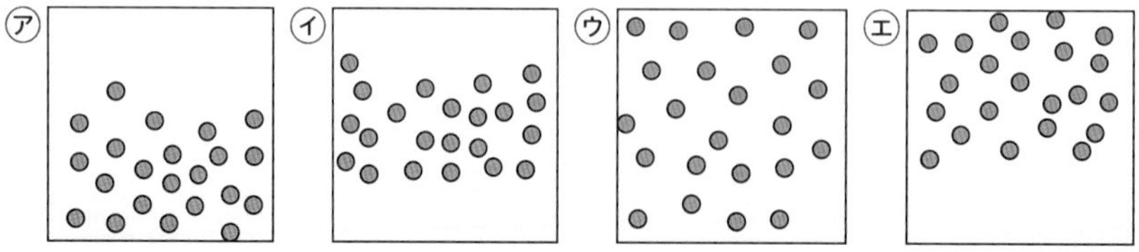

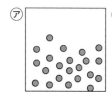

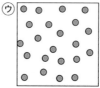

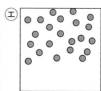

□ ❷ 水溶液が透明な理由を，次から選びなさい。

㋐ 水に溶けると，物質は透明な物質に変わるから。

㋑ 水に溶けると，物質は小さな粒子に分かれ，水全体に散らばるから。

㋒ 水に溶けると，固体の物質は液体に変化するから。

□ ❸ 硫酸銅の水溶液をつくり，45日間そのままにした。水溶液はどうなっているか。次から選びなさい。

㋐ 下の方が濃くなっている。　㋑ 無色透明である。

㋒ 変わらない。

ヒント ❹❷物質が水に溶けると，集まっていた粒子はばらばらになる。

［解答▶p. 8 - 9］

Step 1 基本チェック　4章 水溶液（2）

10分

単元2

■ 赤シートを使って答えよう！

❷ 溶解度と再結晶　▶ 教 p.122-125

☐ 一定量の水に溶ける物質の最大の量を，その物質の ［ 溶解度 ］ といい，溶質の ［ 種類 ］ ごとに決まっており，［ 温度 ］ によって変化する。

☐ 物質が溶解度まで溶けている状態を ［ 飽和 ］ といい，このときの水溶液を ［ 飽和水溶液 ］ という。

☐ 水溶液を冷やすと，規則正しい形の ［ 結晶 ］ が出てくる。形は，物質によって決まっている。

☐ 一度溶かした物質を再び結晶としてとり出すことを ［ 再結晶 ］ という。

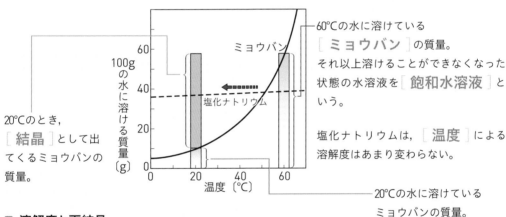

60℃の水に溶けている ［ ミョウバン ］ の質量。
それ以上溶けることができなくなった状態の水溶液を ［ 飽和水溶液 ］ という。

塩化ナトリウムは，［ 温度 ］ による溶解度はあまり変わらない。

20℃のとき，［ 結晶 ］ として出てくるミョウバンの質量。

20℃の水に溶けているミョウバンの質量。

☐ 溶解度と再結晶

❸ 水溶液の濃度　▶ 教 p.126-127

☐ 水溶液の質量に対する ［ 溶質 ］ の質量の割合を，水溶液の ［ 濃度 ］ という。百分率（%）で表したものを ［ 質量パーセント濃度 ］ という。

溶質，溶媒，溶液が何をさすのか整理しておこう。

☐ 質量パーセント濃度は，以下の式で求められる。

$$質量パーセント濃度〔\%〕 = \frac{［ 溶質 ］ の質量〔g〕}{［ 水溶液 ］ の質量〔g〕} \times 100$$

$$= \frac{溶質の質量〔g〕}{［ 溶媒（水）］ の質量〔g〕+ 溶質の質量〔g〕} \times 100$$

テストに出る　どのような物質が，再結晶でとり出しやすいのかを理解しておこう！
質量パーセント濃度の公式は，2通りの方法で覚えておこう！

Step 2 　予想問題　：　4章 水溶液（2）

20分
（1ページ10分）

【水溶液から溶けている物質をとり出す方法】

❶ 図1のように，硝酸カリウム20 gをはかりとり，60 ℃の水25 gに溶
かした。その後，ビーカーを40 ℃まで冷やしたところ，結晶が現れ
たため，ろ過した。あとの問いに答えなさい。

①液体を入れた
ビーカー

②液体を受ける
ビーカー

□ ❶ 図2は，ろ過の装置の一部である。図2に，①液体を入れたビーカーと
②液体を受けるビーカーを，正しい操作になるようにかき入れなさい。

□ ❷ この実験のように，一度溶かした物質を再び結晶としてとり出すことを
何というか。その名称を答えなさい。

□ ❸ この実験のように，水溶液の温度を下げる方法以外にも，水に溶けてい
た物質をとり出す方法がある。それは，どんな方法か。

【物質が水に溶ける量】

❷ 表は，100 gの水に硝酸カリウムが溶
ける質量と温度との関係を表したも
のである。次の問いに答えなさい。

温度〔℃〕	0	20	40	60	80
溶ける質量〔g〕	13	32	64	109	169

□ ❶ 80 ℃の水100 gに硝酸カリウム80 gを溶かした。硝酸カリウムをあと何
g溶かすことができるか。　　　　　　　（　　　　　）

□ ❷ 80 ℃の水100 gに硝酸カリウム80 gを溶かし，それからその水溶液を
40 ℃まで冷やすと，何gの硝酸カリウムが出てくるか。

□ ❸ 一定の量の水に溶ける物質の最大の量を，その物質の何というか。
その名称を答えなさい。　　　　　　　　（　　　　　）

□ ❹ 物質が❸の量まで溶けている水溶液を何というか。
その名称を答えなさい。　　　　　　　　（　　　　　）

ヒント ❷❷温度が変わると，100 gの水に溶けることができる硝酸カリウムの質量も変わる。

ミスに注意 ❶❶それぞれのビーカーが接するところに注意する。

［解答 ▶ p. 9 ］

【物質が水に溶ける量】

❸ 図は，ある物質が25 gの水に溶ける質量と温度との関係を示したものである。次の問いに答えなさい。

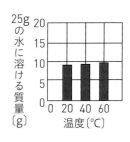

□ ❶ この物質は，温度の変化によって溶解度が大きく変化する物質か，あまり変化しない物質か。

（　　　　　　　）

□ ❷ この物質に適した再結晶の方法は，次のどちらか。　（　　　　）
　　⑦ 水溶液を冷やす。　　　　⑦ 水を蒸発させる。

【物質が水に溶ける量】

❹ 60 ℃の水100 gの入った３つのビーカーに硝酸カリウム，塩化ナトリウム，ミョウバンをそれぞれ入れて，３種類の飽和水溶液をつくった。図は，この３種類の物質について，水溶液の温度と100 gの水に溶ける物質の質量を示すグラフである。次の問いに答えなさい。

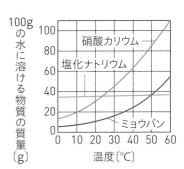

□ ❶ 水溶液の温度を下げると，結晶として物質をとり出すことができるのはなぜか。

□ ❷ 飽和水溶液を20 ℃まで冷やしたとき，結晶が最も多く出てくるのは，どの物質の水溶液か。物質名を答えなさい。

□ ❸ グラフの物質のうち，水溶液からとり出すときに❶の操作が適していない物質はどれか。適さない理由も答えなさい。

　　物質名（　　　　　　　）

　　理　由

水溶液を冷やして出てくる結晶の質量をおおまかに調べてみよう。

【質量パーセント濃度】

❺ 次の問いに答えなさい。

□ ❶ 水100 gに砂糖25 gを溶かして砂糖水をつくった。この砂糖水の質量パーセント濃度は何％か。

（　　　　　　　）

□ ❷ 質量パーセント濃度12 ％の食塩水200 gに含まれる食塩は何gか。

（　　　　　　　）

□ ❸ 質量パーセント濃度36 ％の塩酸50 gをうすめて，４ ％の塩酸にしたい。水を何g加えればよいか。

（　　　　　　　）

・・・

🔑ヒント ❹❸再結晶は，溶けきれなくなった溶質が結晶となって出てくることである。
　　　　　❺❶公式の「水溶液の質量」に，「溶媒の質量」の値を入れないようにする。

Step 3　予想テスト　　**単元2　物質のすがた**

⏱ 30分　　／100点　目標 70点

❶ 表は，いろいろな気体の性質についてまとめたものである。次の問いに答えなさい。思

気体	密度〔g/L〕	水への溶けやすさ	におい	性質など
A	1.33	溶けにくい	ない	線香が激しく燃える
B	1.16	溶けにくい	ない	空気の約8割を占める
C	0.72	非常に溶けやすい	特有の刺激臭	赤色リトマス紙が青色になる
D	0.08	溶けにくい	ない	火をつけると燃え，水ができる

□ ❶ 表の気体の中で，水上置換法では集められないものはどれか。

□ ❷ 気体Aを発生させるには，うすい過酸化水素水に何を入れるか。

□ ❸ A～Dの気体名を答えなさい。

❷ 図のように，赤ワインを枝つきフラスコに入れて加熱した。気体が冷やされてゴム管から出てきた液体を試験管A～Cの順に集めた。次の問いに答えなさい。

（図：温度計，枝つきフラスコ，赤ワイン，ゴム管，試験管，沸騰石，水）

□ ❶ この実験のように，液体を沸騰させて得られた気体を冷やし，再び液体を得る操作を何というか。その名称を答えなさい。

□ ❷ 沸騰石を入れたのはなぜか。その理由を書きなさい。思

□ ❸ 加熱した時間と気体の温度の関係を表したグラフは次のどれか。

ア 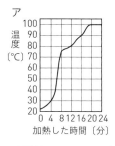　イ 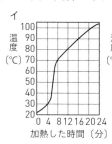　ウ 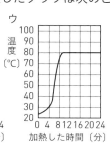　エ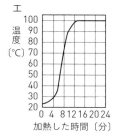

□ ❹ 試験管A～Cにろ紙を入れ，ろ紙に火をつけた。火がつかなかったろ紙は，試験管A～Cのうちどの試験管からとり出したものか。その理由も書きなさい。思

❸ 次の問いに答えなさい。

□ ❶ 水75 gに食塩を25 g溶かした。この食塩水の質量パーセント濃度は何％か。

□ ❷ 10％の砂糖水100 gに20 gの砂糖を加えた。この砂糖水の質量パーセント濃度は何％になったか。

□ ❸ 30 gの食塩が溶けている食塩水A150 gと，10 gの食塩を50 gの水に溶かした食塩水Bでは，どちらの食塩水の方が濃いか。

❹ いろいろな物体の体積と質量をはかった。次の問いに答えなさい。[思]

図1

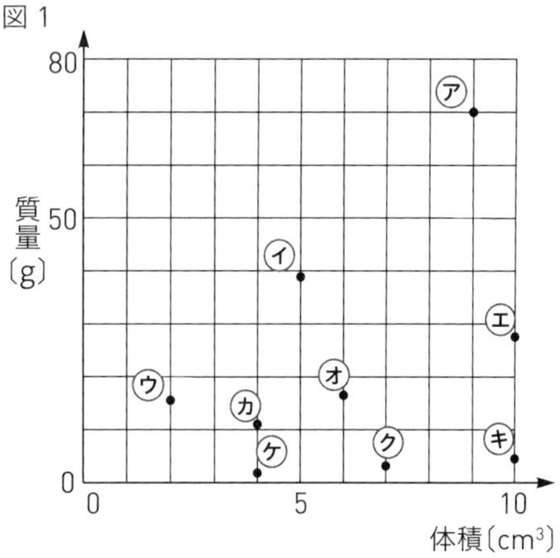

□ ❶ 図1は，物体㋐～㋘の測定値をかき入れたものである。それぞれの測定値と原点を結ぶ直線をかきなさい。[技]

□ ❷ ❶で得られたグラフから，物体㋐～㋘は少なくとも何種類の物質でできていることがわかるか。

□ ❸ 水に浮く物体の中で，最も体積が大きいものはどれか。記号で答えなさい。

□ ❹ 物体㋐は何という物質からできているか。次の密度の表から選びなさい。

物質名	鉄	銅	鉛	アルミニウム	ひのき
密度〔g/cm³〕	7.87	8.96	11.34	2.70	0.49

□ ❺ 小さな銅のかたまりの質量を調べるために，100 mL用のメスシリンダーを使って銅の体積を調べると，図2のようになった。銅の体積は何cm³か。ただし，水1 mLの体積は1 cm³とする。[技]

図2

銅のかたまりを入れる前

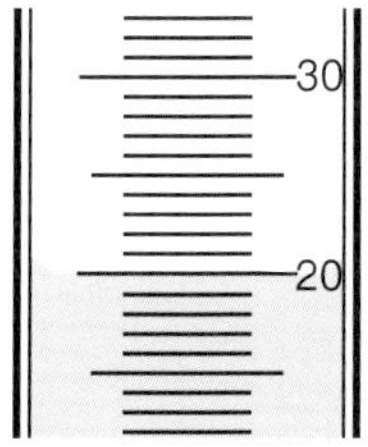

銅のかたまりを入れた後

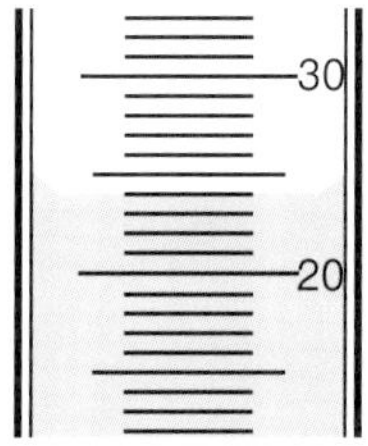

[点UP] □ ❻ 小さな銅のかたまりの質量は何gか。

<table>
<tr><td rowspan="2">❶
各5点</td><td>❶</td><td>❷</td><td>❸ 気体A</td></tr>
<tr><td>気体B</td><td>気体C</td><td>気体D</td></tr>
<tr><td rowspan="2">❷
各5点</td><td>❶</td><td>❷</td><td>❸</td></tr>
<tr><td>❹ 試験管</td><td colspan="2">理由</td></tr>
<tr><td>❸
各5点</td><td>❶</td><td>❷</td><td>❸</td></tr>
<tr><td rowspan="2">❹
各5点</td><td>❶ 図1に記入</td><td>❷</td><td>❸　❹</td></tr>
<tr><td>❺</td><td>❻</td><td></td></tr>
</table>

❶ /30点 ❷ /25点 ❸ /15点 ❹ /30点

[解答▶p.10]

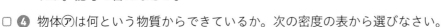

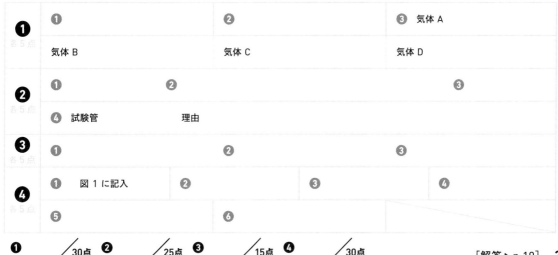

Step 1 基本チェック | **1章 光の性質（1）** | 10分

■ 赤シートを使って答えよう！

❶ 光の進み方とものの見え方　▶教 p.142-143

□ 太陽や電灯のように，自ら光を出しているものを［光源］という。

□ 光がまっすぐに進むことを［光の直進］という。

> 月は太陽の光をはね返して輝（かがや）いているから光源ではないよ。

❷ 光の反射　▶教 p.144-147

□ 光が物体に当たってはね返る現象を［光の反射］という。

□ はね返る前の光を［入射光］，はね返った後の光を［反射光］という。

□ 光が反射する面に垂直な線と入射光との間の角を［入射角］，反射光との間の角を［反射角］という。

□ 入射角と反射角の大きさは［等しい］。これを［反射の法則］という。

□ 鏡に物体を映したとき，鏡に映った物体を［像］という。

□ 凸凹した面に光が当たると，光はいろいろな方向に反射する。これを［乱反射］という。

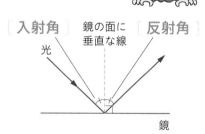

| 入射角 | ＝ | 反射角 |

□ 光の反射

❸ 光の屈折　▶教 p.148-152

□ 異なる物質の境界で光が折れ曲がって進む現象を［光の屈折］という。

□ 屈折して進む光を［屈折光］といい，境界面に垂直な線と屈折光との間の角を［屈折角］という。

□ 光がガラスや水から空気中に出るとき，入射角が一定以上大きくなると，全ての光が境界面で反射するようになる。この現象を［全反射］という。

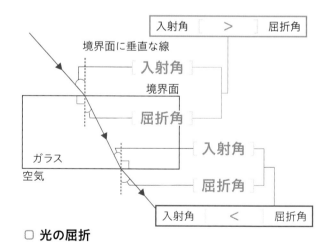

| 入射角 | ＞ | 屈折角 |
| 入射角 | ＜ | 屈折角 |

□ 光の屈折

テストに出る

光が反射するときの道筋を，作図できるようにしよう！
光が屈折するときの，入射角と屈折角の大きさを整理しておこう！

Step 2　予想問題　1章 光の性質（1）

20分
（1ページ10分）

【 光の進み方とものの見え方 】

❶ 光の進み方とものの見え方について，次の問いに答えなさい。

☐ ❶ 太陽や照明のように，自ら光を出しているものを何というか。
その名称（めいしょう）を答えなさい。　　　（　　　　　　　）

☐ ❷ 太陽や照明から出た光は，四方八方に広がりながらまっすぐに進む。
この現象を，光の何というか。

（　　　　　　　）

☐ ❸ 部屋でものを見るときに，照明から出た光が物体に当たってはね返り，
目に届いているものを，次から全て選びなさい。　（　　　　　　　）
　㋐　教科書を見る。
　㋑　タブレットの画面の映像を見る。
　㋒　友達の顔を見る。

【 光の反射（はんしゃ） 】

❷ 机の上に鏡を立て，光の反射を調べる実験を行うと，図のような光の道筋が記録された。次の問いに答えなさい。

☐ ❶ 図の X の光を何というか。その名称を答えなさい。

（　　　　　　　）

☐ ❷ 入射角（にゅうしゃかく）は図の a ～ c のどれか。また，入射角は何度か。
　　　　　（　　　　　）　　角度（　　　　　）

☐ ❸ 反射角（はんしゃかく）は図の a ～ c のどれか。また，反射角は何度か。
　　　　　（　　　　　）　　角度（　　　　　）

☐ ❹ 光源装置（こうげん）を置く位置を変えて同様の実験を行った。
光の道筋はどうなるか。次から選びなさい。　（　　　　　　　）

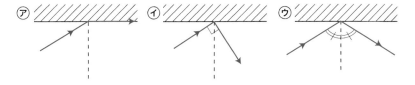

㋐　　　　　㋑　　　　　㋒

・・・

🔍ヒント ❶❸光源から出た光を直接見ていないものを見つけるとよい。
❷❹入射角と反射角の関係から判断する。

【 鏡に映る像 】

❸ 図は，鏡に物体を映したときの光の道筋を表したものである。次の問いに答えなさい。

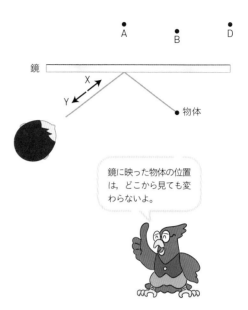

□ ❶ 鏡に物体を映したとき，物体は鏡の向こう側にあるかのように見えた。この鏡に映った物体を何というか。その名称を答えなさい。

□ ❷ 鏡に映った物体は，図のA〜Dのどこにあるように見えるか。

□ ❸ 物体が鏡に映って見えるとき，光はX，Yのどちらに進んでいるか。

鏡に映った物体の位置は，どこから見ても変わらないよ。

【 水から空気中への光の屈折 】

❹ 図は，光が水から空気中に出るときの道筋を示したものである。次の問いに答えなさい。

□ ❶ 入射角と屈折角を表しているのはどれか。a〜dからそれぞれ選びなさい。　　入射角　　　　　　屈折角

□ ❷ 入射角と屈折角とでは，どちらが大きいか。

□ ❸ 入射角をある角度以上にすると，光は全て水面で反射する。この現象を何というか。

【 ガラスを通り抜ける光 】

❺ 光が空気中に置いた厚いガラス板を通り，再び空気中に出るときの
□　道筋を表している図を，次から選びなさい。

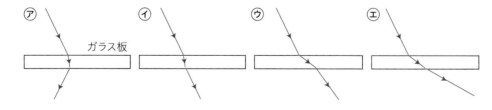

⋯⋯⋯

ヒント ❸❷鏡に映る像は，鏡の面に対して物体とどのような位置にできるか考える。
　　　　❺屈折角は，ガラス板に入るときと空気中へ出るときで異なる。

単元3

Step 1 基本チェック　**1章 光の性質（2）**　10分

赤シートを使って答えよう！

❹ 凸レンズのはたらき　▶ 教 p.153-159

☐ 虫眼鏡やルーペは，中央が厚く膨らんだ ［ 凸レンズ ］ でできている。

☐ 凸レンズを通して見た物体やスクリーンに映った物体を ［ 像 ］ という。

☐ 光軸に平行に進む光は1点に集まる。この点を ［ 焦点 ］ といい，凸レンズの中心から焦点までの距離を ［ 焦点距離 ］ という。

☐ 焦点は凸レンズの ［ 両側 ］ にあり，その焦点距離は ［ 同じ ］ である。

☐ 光軸に平行な光は，凸レンズを通った後，［ 焦点 ］ を通る。凸レンズの ［ 中心 ］ を通る光は直進する。焦点を通ってから入った光は，凸レンズを通った後，光軸に ［ 平行 ］ に進む。

☐ 光が実際に集まってできる像を ［ 実像 ］ といい，もとの物体と上下左右が ［ 逆 ］ 向きになる。

☐ 鏡に映る像や凸レンズをのぞいて見える像を ［ 虚像 ］ という。実際に光が集まってできた像ではなく，物体のないところから光が出ているように見える。もとの物体と上下左右が ［ 同じ ］ 向きになる。

> 焦点の「焦」には，「こがす」という意味があるよ。

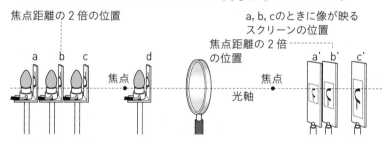

物体を a→b→c と，凸レンズに近づけていくと，像の位置はa'→b'→c'となり，大きさは ［ 大きく ］ なっていく。 dの位置では，実像はできない。

☐ **実像ができる位置と大きさ**

❺ 光と色　▶ 教 p.160-161

☐ 太陽光などの，色合いを感じない光を ［ 白色光 ］ という。白色光には，いろいろな色の光が含まれている。

☐ 白色光や色のついた光のような，目に見える光を ［ 可視光線 ］ という。

☐ 物体は白色光が当たるとある色の光を ［ 反射 ］ するため，色がついて見える。

 テストに出る　凸レンズによってできる像を，作図できるようにしよう！

Step 2　予想問題　1章 光の性質（2）

20分
（1ページ10分）

【凸レンズを通る光の進み方】

❶ 凸レンズを通る光の進み方について，次の問いに答えなさい。

□ ❶ 光が凸レンズを通って進むときに起こる現象を何というか。次から選びなさい。
　　㋐ 反射　　㋑ 乱反射　　㋒ 屈折

□ ❷ 光軸に平行に進んだ光は，凸レンズを通った後，点Aを通った。点Aを何というか。その名称を答えなさい。

□ ❸ Xの距離を何というか。その名称を答えなさい。

【凸レンズによる像のでき方】

❷ 図1は，凸レンズに入る光のうち，代表的な3つの道筋を示したものである。次の問いに答えなさい。

□ ❶ 次の①〜③の光は，凸レンズを通ってどのように進むか。光の道筋をそれぞれ図1にかき入れなさい。
　　① 光軸に平行に入射する光　　② 凸レンズの中心を通る光
　　③ 焦点を通って入射する光

光の道筋が2本わかれば，像の位置と大きさがわかるね。

図1

光源　①②③　凸レンズ
光軸
F₁　F₂
F₁，F₂は焦点

□ ❷ ❶の光の道筋が交わる位置にスクリーンを置いた。スクリーンにできる像は，実像か虚像か。

□ ❸ ろうそくの位置を，図2の①〜③のように変えたとき，その像は㋐〜㋒のどれになるか。
　　①　　　　　②　　　　　③

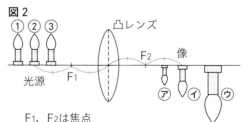

図2

①②③　凸レンズ
光源　F₁　F₂　像
㋐㋑㋒
F₁，F₂は焦点

⊗ ミスに注意　❷❶凸レンズに入る光の角度によって，折れ曲がり方がちがっている。

💡 ヒント　❷❸光源を凸レンズに近づけると，凸レンズの中心を通る光の道筋が変わる。

【凸レンズによる像のでき方】

❸ 図のように，凸レンズによって
スクリーンにできる像を調べる
実験を行った。表は，その結果
の一部をまとめたものである。
次の問いに答えなさい。

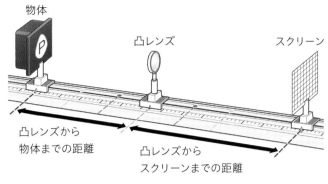

□ ❶　スクリーンにできた像を何とい
　　　うか。その名称を答えなさい。

　　　　　　　　　　　　　（　　　　　　　）

□ ❷　❶の像は，物体と比べて上下左右
　　　が同じ向きか，逆向きか。

凸レンズから物体までの距離〔cm〕	5	10	15	20	30	40
凸レンズからスクリーンまでの距離〔cm〕			30	20		

　　　　　　　　　　　　　（　　　　　　　）

□ ❸　凸レンズから物体までの距離が15 cmと20 cmのとき，スクリーンにで
　　　きた像の大きさは物体と比べてどうなるか。次からそれぞれ選びなさい。
　　　　　15 cm（　　　　　）　　　20 cm（　　　　　）
　　　ア 大きくなる。
　　　イ 同じである。
　　　ウ 小さくなる。

□ ❹　スクリーンに像ができなかったのは，凸レンズから物体までの距離が何
　　　cmのときか。次から全て選びなさい。　　　　　（　　　　　）
　　　ア 5 cm　　イ 10 cm　　ウ 30 cm　　エ 40 cm

【凸レンズによる像のでき方】

❹ 図は，凸レンズを通った光の進み方を示したも
のである。次の問いに答えなさい。

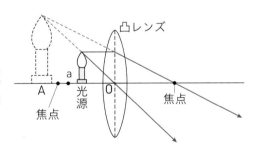

□ ❶　光源の反対側から凸レンズをのぞくと，Aの位置
　　　に実物より大きな像が見えた。この像は実像か虚
　　　像か。　　　　　　　（　　　　　　　）

□ ❷　Aの位置にスクリーンを置くと，像はスクリーン
　　　に映るか映らないか。

□ ❸　光源をa点に動かして，光源の反対側から凸レンズをのぞいた。像の大
　　　きさは図のときと比べてどうなるか。　　　（　　　　　　　）

・・・

🔦 ヒント ❸❹実際に光が集まらないと，スクリーンに像は映らない。

✕ ミスに注意 ❹❸光源を動かすと，凸レンズの中心を通る光の道筋が変わる。

Step 1 基本チェック ： 2章 音の性質

10分

■ 赤シートを使って答えよう！

❶ 音の発生と伝わり方　▶ 教 p.162-165

- □ 音を発している物体を［音源］という。
- □ 音を発しているとき，音源は［振動］している。
- □ 音は空気などの気体の中だけでなく，［液体］や［固体］の中も伝わるが，音を伝える物体がないと［伝わらない］。
- □ 音源が振動するとまわりの［空気］が振動し，音は［波］として伝わる。
- □ 音が聞こえるのは，音の波が耳に届くと，耳の中にある［鼓膜］が振動して，音を認識するからである。
- □ 音が伝わる速さは，空気中で約［340］m/sである。光の速さ（約30万km/s）は，音が伝わる速さより非常に速い。

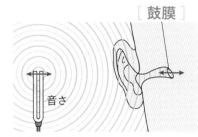

［鼓膜］

音さ

□ **音の伝わり方**

遠くの雷（かみなり）の音は，光った後に聞こえるよね。

❷ 音の大きさや高さ　▶ 教 p.166-170

- □ 音源などの振動の振れ幅を［振幅］といい，振幅が大きいほど音は［大きい］。
- □ 弦を［強く］はじくと，大きな音が出る。
- □ 1秒間に音源などが振動する回数を［振動数］（または周波数）といい，振動数が大きいほど音は［高い］。単位は［ヘルツ］（記号はHz）が使われる。
- □［オシロスコープ］やコンピュータなどを利用すると，音は［波形］で表現できる。
- □ 弦の長さを［短く］したり，弦を張る強さを［強く］したりすると，高い音が出る。また，弦が［細い］方が，高い音が出る。

○音の大小

振幅大 ➡ ［大きい］音が出る。

振幅小 ➡ ［小さい］音が出る。

○音の高低

振動数大 ➡ ［高い］音が出る。

振動数小 ➡ ［低い］音が出る。

□ **音の大きさと高さ**

テストに出る

音がどのように発生して伝わっていくかを，しっかり理解しておこう！
弦をはじいて音を出すとき，大小や高低を変化させる方法を，整理しておこう！

Step 2 予想問題　2章 音の性質

30分
（1ページ10分）

【音の発生と伝わり方】

1 図1のように同じ高さの音を出す音さを2つ用意し，Aの音さをたたいて音を出した。次の問いに答えなさい。

図1

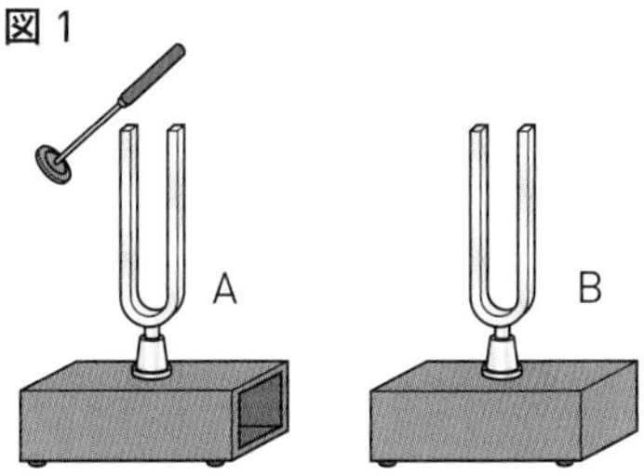

□ 1 音の出ているAの音さは，どのような動きをしているか。
（　　　　　）

□ 2 Bの音さは，どのようになるか。
（　　　　　）

□ 3 Bの音さにふれると1の動きをしていることがわかる。これはAの音さの1の動きがBの音さに伝わったためと考えられるが，それを伝えたものは何か。（　　　　　）

□ 4 次の文の（　　）にあてはまる語を書きなさい。
音は3の中を（　　　　　）として伝わる。

□ 5 次に，図2のように2つの音さの間に板を入れてAの音さをたたいた。このとき，Bの音さの音の大きさは板がないときと比べてどうなるか。
（　　　　　）

図2

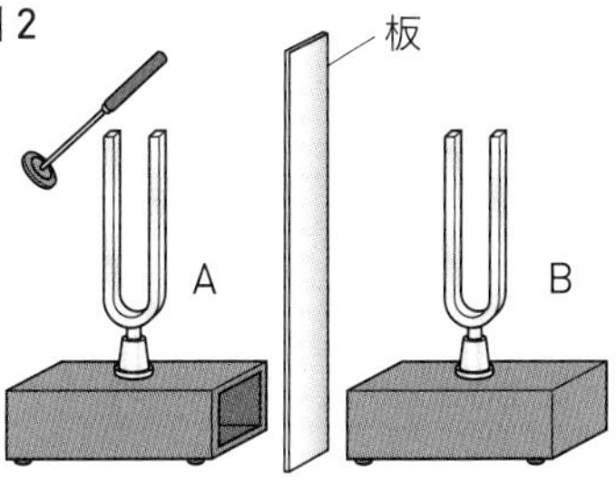

【音の伝わり方】

2 次の問いに答えなさい。

□ 1 次の文は，音の波について説明したものである。正しいものを選びなさい。（　　）

㋐ 音源（おんげん）が振動（しんどう）すると，まわりの空気が上下に揺（ゆ）れ，海の波のように伝わっていく。

㋑ 音源が振動すると，まわりの空気が押（お）し縮められて濃（こ）くなったり，引かれてうすくなったりし，これが次々に伝わる。

㋒ 音源が振動すると，音のかたまりが波打ちながら空気中を移動する。

□ 2 打ち上げ花火を離（はな）れたところで見ると，光が見えてから少し遅（おく）れて音が聞こえる。これはなぜか。
（　　　　　）

[ヒント] 2 2光と音の速さに着目して，理由を説明する。

【 音を伝えるもの 】

❸ 音を伝えるものについて調べるために，次のような実験を行った。あとの問いに答えなさい。

図1

実験1 図1のように，水を入れた容器をたたいて，水の中で音が聞こえるか調べた。

実験2 図2のように，紙コップにつけた糸につるした金属のフックを金属の棒でたたいて，紙コップの中で音が聞こえるか調べた。

実験3 図3のように，ブザーを鳴らしたまま容器の中の空気を抜いていって，音の聞こえ方を調べた。

図2　　　図3
ブザー

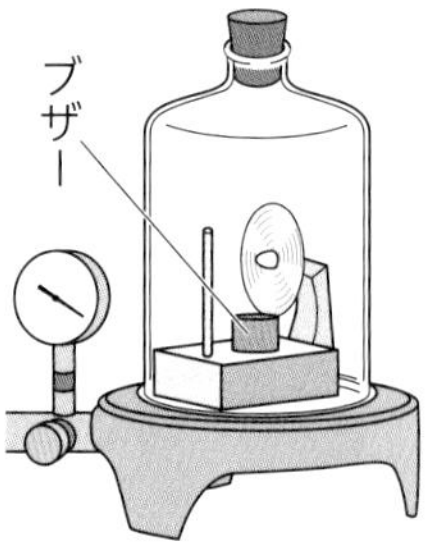

☐ ❶ 実験1で，水を入れた容器をたたいたとき，
　　　水の中で音は聞こえるか。

☐ ❷ 実験2で，金属のフックを金属の棒でたたいたとき，
　　　紙コップの中で音は聞こえるか。

☐ ❸ 実験3で，容器の中の空気を抜いたとき，
　　　ブザーの音は聞こえるか。

☐ ❹ 音を伝えるものについてまとめたものを，次から選びなさい。
　　　㋐ 音は伝える物体がなくても伝わる。
　　　㋑ 音は空気などの気体の中だけで伝わる。
　　　㋒ 音は空気などの気体の中だけでなく，液体や固体の中も伝わる。

【 音の伝わる速さ 】

❹ 図のように，校舎から300 mの位置にA君が，その後方250 mの位置にB君が立っている。A君が校舎に向かって大声を出したところ，B君はそのこだまをA君が大声を出してから2.5秒後に聞いた。次の問いに答えなさい。ただし，A君とB君は一直線上に並んでいるものとする。

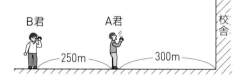
B君　　　A君　　　校舎
250m　　　300m

☐ ❶ このことから，音の伝わる速さを求めると何m/sか。

☐ ❷ ❶で求めた値を用いて，A君が，自分が出した声のこだまを聞くのは，声を出してから何秒後か。四捨五入して小数第1位まで求めなさい。

音は2.5秒間に，どれだけ伝わったかな。

....

ヒント ❸❷音は固体の中も伝わる。

ミスに注意 ❹❶音の伝わる速さは，距離÷時間で求める。

[解答 ▶ p.12]

【 音の大きさと高さ 】

❺ 図のような装置をつくり，つり糸をはじいたときの音の性質を調べた。次の問いに答えなさい。

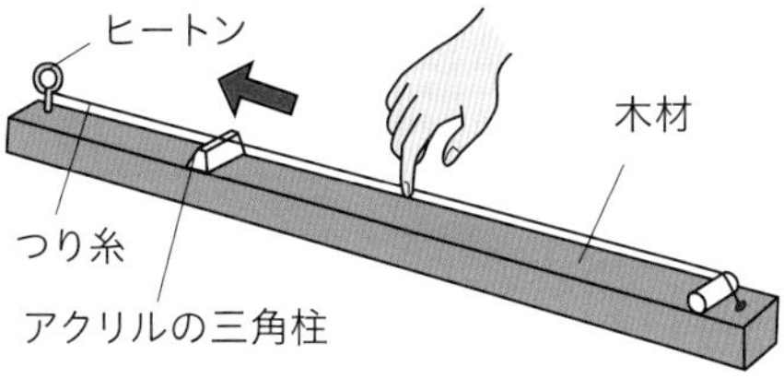

□ ❶ 音が出ているとき，つり糸はどうなっているか。

（　　　　　　　　）

□ ❷ アクリルの三角柱の位置は変えずにつり糸を強くはじくと，つり糸が振動する速さはどうなるか。

（　　　　　　）

□ ❸ アクリルの三角柱を図の矢印の向きに動かして同じ強さでつり糸をはじくと，つり糸が振動する速さはどうなるか。（　　　　　　）

□ ❹ 図でつり糸をはじいて大きな音を出す場合と高い音を出す場合には，それぞれどのようにすればよいか。次から全て選びなさい。

大きな音（　　　　　　　）　高い音（　　　　　　　）

㋐ はじくつり糸の長さを長くする。
㋑ はじくつり糸の長さを短くする。
㋒ つり糸を強くはじく。
㋓ つり糸を弱くはじく。
㋔ つり糸を強く張る。
㋕ つり糸を弱く張る。

【 音の波形 】

❻ 図1，2は，オシロスコープで観察した音の波形をまとめたものである。次の問いに答えなさい。

図1

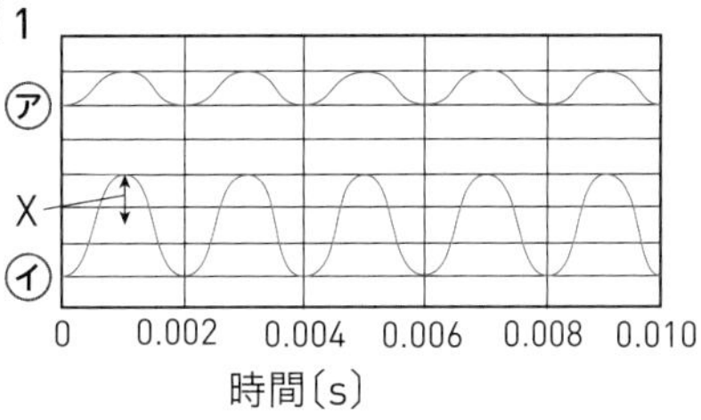

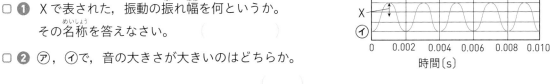

図2

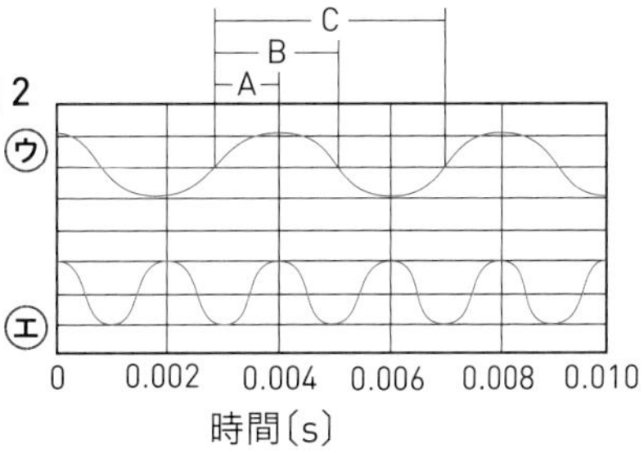

□ ❶ Xで表された，振動の振れ幅（ふはば）を何というか。その名称（めいしょう）を答えなさい。（　　　　　　）

□ ❷ ㋐，㋑で，音の大きさが大きいのはどちらか。

（　　　）

□ ❸ 1回の振動とは，A～Cのどれか。（　　　）

□ ❹ ㋒，㋓で，音の高さが低いのはどちらか。（　　　）

□ ❺ 音源などが1秒間に振動する回数を何というか。その名称を答えなさい。（　　　　　　）

□ ❻ ❺の単位を何というか。カタカナで答えなさい。

（　　　　　　）

[ヒント] ❺❸アクリルの三角柱を矢印の向きに動かすと，つり糸の振動する部分が長くなる。

Step 1 基本チェック　3章 力のはたらき（1）

10分

■ 赤シートを使って答えよう！

❶ 力のはたらきと種類　▶教 p.172-175

□ 力には，物体の［形］を変える，物体の［動き］を変える，物体を持ち上げたり［支え］たりする，というはたらきがある。

□ 変形した物体がもとの形に戻ろうとする性質を［弾性］といい，弾性によって生じる力を［弾性力］（弾性の力）という。

□ 物体がふれ合って動くとき，その間にはたらく，動きを妨げる力を［摩擦力］（摩擦の力）という。

□ 磁石にはたらく力を［磁力］（磁石の力），電気がたまった物体に生じる力を［電気の力］という。これらの力は，［離れて］いてもはたらく。

□ 地球上のあらゆる物体は，常に地球の中心に向かって引かれている。この力を［重力］という。

摩擦力の大きさは，ふれ合っている面の状態によって異なるよ。

❷ 力の表し方　▶教 p.176-178

□ 力の3つの要素は，力のはたらく点（［作用点］），力の［向き］，力の［大きさ］であり，これらの要素は矢印で表すことができる。

□ 矢印の起点は力の［作用点］，矢印の向きは力の［向き］，矢印の長さは力の［大きさ］を表す。

□ 力を表す矢印を含む直線を，［作用線］という。

□ 面で物体を押す力や重力は，実際には物体全体に均一に加わっているが，［1本］の矢印で表す。

□ 力の大きさの単位は［ニュートン］（記号N）である。1Nの力は，約100gの物体にはたらく［重力］の大きさに等しい。

［作用点］　［力の大きさ］　［力の向き］
作用点の位置を，力が加わっている物体側にずらす
□ 力の表し方

1Nの力の大きさを1cmで表している。

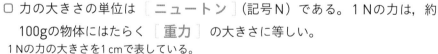
0.5cm ［0.5］N　1cm ［1.0］N　2cm ［2.0］N
□ 指が物体を押す力

テストに出る
いろいろな種類の力が，どのようにはたらいているかを整理しよう！
力のはたらく点に注意して，力を表す矢印を作図できるようにしよう！

Step 2　予想問題　3章 力のはたらき（1）

20分（1ページ10分）

【力のはたらき】

❶ 図A～Eは，いろいろな力のはたらきを表したものである。次のどれにあてはまるか。それぞれ選びなさい。

㋐ 物体の形を変える。　㋑ 物体の動きを変える。

㋒ 物体を持ち上げたり，支えたりする。

A（　　）　B（　　）　C（　　）　D（　　）　E（　　）

【物体がこすれるときにはたらく力】

❷ 図は，自転車のブレーキをかけたときのようすを表したものである。次の問いに答えなさい。

□ ❶ 図のとき，タイヤのゴムと地面の間には，何という力がはたらいているか。その名称を答えなさい。（　　　　）

□ ❷ ❶の力がはたらく向きは，自転車が進む向きと同じか，反対か。（　　　　）

□ ❸ 滑らかな面の上では，ざらざらした面の上と比べて，❶の力の大きさはどうなるか。（　　　　）

【いろいろな力】

❸ あとの問いにあてはまる力を，次の［　　］の中から選びなさい。

磁力　重力　電気の力　弾性力

□ ❶ 伸ばしたゴムがもとに戻ろうとする力を何というか。（　　　　）

□ ❷ セーターなどで下じきをこすると，下じきは髪の毛を引きつけた。このとき，下じきにはたらく力を何というか。（　　　　）

□ ❸ ボールを投げ上げると，ボールはやがて落ちてくる。このとき，ボールにはたらく力を何というか。（　　　　）

ヒント ❶㋑物体の速さや運動の向きを変えたり，動きを止めたりすること。

❷❷ブレーキをかけると，自転車の速さが小さくなる。

【力の表し方】

❹ 図は，指が物体を押す力を矢印で表したものである。次の問いに答えなさい。

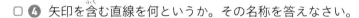

□ ❶ 点Aは，力がはたらく点を表している。これを何というか。その名称を答えなさい。

□ ❷ 矢印の向きは，何を表しているか。

□ ❸ 物体を押す力を大きくしたとき，矢印の長さは長くなるか，短くなるか。

□ ❹ 矢印を含む直線を何というか。その名称を答えなさい。

□ ❺ 力の大きさの単位は何か。カタカナで答えなさい。

【力の表し方】

❺ 力の大きさの単位はニュートン（N）であり，1Nは約100gの物体にはたらく重力と同じである。次の問いに答えなさい。

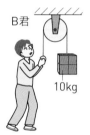

□ ❶ 図のA君がひもを引いている力の向きと大きさを答えなさい。

向きに，　　　　N

□ ❷ 図のB君がひもを引いている力の向きと大きさを答えなさい。

向きに，　　　　N

【力の表し方】

❻ 次の力を矢印で表しなさい。ただし，方眼の1目盛りは10Nの力を表すものとする。

□ ❶ 人がばねを引く　□ ❷ 人が物体を押す　□ ❸ 50Nの物体に
　　30Nの力　　　　　　 40Nの力　　　　　　 はたらく重力

1目盛りは10Nの力を表すから，20Nだと2目盛りだね。

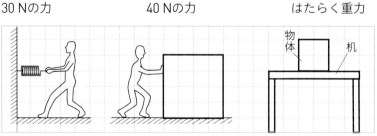

ヒント ❺❷滑車は，力の向きを変えるはたらきをする。

ミスに注意 ❻力のはたらく点，力の向きと大きさを矢印で表す。

3章 力のはたらき（2）

🕐 10分

■ 赤シートを使って答えよう！

❸ 力の大きさとばねの伸び ▶ 教 p.179-183

□ ばねの伸びは，加えた力の大きさに ［比例］ する。この関係を ［フックの法則］ という。

□ 場所によって変わらない，物体そのものの量を ［質量］ といい，単位にはグラム（記号g）や ［キログラム］（記号kg）が使われる。

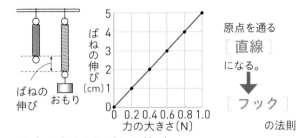

原点を通る ［直線］ になる。

↓

［フック］ の法則

□ 力の大きさとばねの伸び

□ 物体にはたらく ［重力］ の大きさは，場所によって変化する。

□ 月面上にある物体にはたらく重力の大きさは，地球上にある物体にはたらく重力の大きさの約 $\dfrac{1}{6}$ である。

□ 物体にはたらく重力の大きさは，質量に ［比例］ する。

理科では，重さと質量はちがう意味で使うよ。

❹ 力のつり合い ▶ 教 p.184-185

□ 1つの物体に2つ以上の力が加わっていても物体が動かないとき，これらの力は ［つり合っている］ という。

□ 2つの力がつり合っているとき，2つの力の大きさが ［等しく］，［一直線上］ にあり，向きは ［反対］ である。

□ 水平な机の上に置かれた物体には，机の面に垂直な力がはたらく。この力を ［垂直抗力］ という。重力と垂直抗力がつり合っているので，この物体は ［動かない］。

［垂直抗力］

机

［重力］

□ 本にはたらく力

□ 机の上にある物体を引いても動かないとき，物体を引く力と物体に加わる ［摩擦力］ はつり合っている。

糸が物体を引く力

机

［摩擦力］

□ 物体にはたらく力

テストに出る

場所によって，重力と質量がどのように変わるかを整理しよう！
どのようなときに2つの力がつり合っているかを，しっかり理解しておこう！

Step 2 予想問題　3章 力のはたらき（2）

⏱ 20分
（1ページ10分）

【ばねにはたらく力】

❶ つるまきばねに同じ重さのおもりをつるし，おもりの数とばねの伸びの関係を調べた。下の表はその結果である。あとの問いに答えなさい。

おもりの数〔個〕	0	1	2	3	4
ばねの伸び〔cm〕	0	0.9	1.6	2.3	3.1

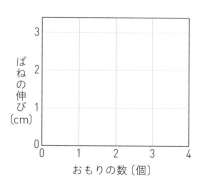

□ ❶ 結果を右にグラフで表しなさい。

□ ❷ ばねの伸びは，ばねにはたらく力とどのような関係にあるか。

□ ❸ ❷の関係を何の法則というか。　　　　　　の法則

【力の大きさとばねの伸び】

❷ 力の大きさとばねの伸びの関係が右図のようなばねがある。次の問いに答えなさい。

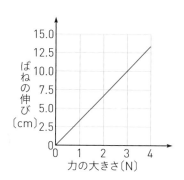

□ ❶ このばねに6Nのおもりをつるすと，ばねの伸びは何cmになるか。

□ ❷ 力の大きさが3Nのとき，ばね全体の長さは30cmだった。おもりをつるさないときのばねの長さは何cmか。

□ ❸ 力を加えてばね全体の長さを25cmにした。このとき，ばねにはたらく力の大きさは何Nか。

【重さと質量】

❸ 地球上で質量300gの物体を，地球上と月面上で，図のようにばねばかりと上皿てんびんを使ってはかった。次の問いに答えなさい。ただし，月の重力は地球の重力の $\frac{1}{6}$ とする。

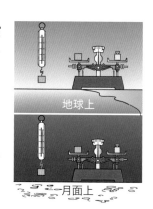

地球上

月面上

□ ❶ この物体を，月面上で上皿てんびんにのせた。このとき，つり合う分銅は合計何gか。

□ ❷ この物体を，月面上でばねばかりにつるしたときの目盛りは何Nを示すか。ただし，地球上では100gの物体にはたらく重力の大きさは1Nとする。

❌ ミスに注意 ❶❶グラフは折れ線にしない。

【力のつり合いの条件】

❹ 図のように，物体に 2 つの力がはたらいているようすを矢印で表した。
あとの問いにあてはまるものを，図から全て選びなさい。

□ ❶ つり合っている 2 つの力を表している図はどれか。　　　（　　　）

□ ❷ 2 つの力の大きさが等しくないので，つり合っているとはいえない図は
どれか。　　（　　　）

□ ❸ 2 つの力が反対向きでないので，つり合っているとはいえない図はどれ
か。　　（　　　）

□ ❹ 2 つの力が一直線上にないので，つり合っているとはいえない図はどれ
か。　　（　　　）

力の大きさや向きはど
のような関係になって
いるかな？

【 2 つの力のつり合い】

❺ 図のように，厚紙につけた糸に 2 つのばねばかりをかけて両
側から引いた。次の問いに答えなさい。

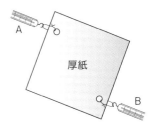

□ ❶ 厚紙が静止したとき，ばねばかりを引いている 2 つの力の向き
はどうなっているか。　　（　　　　　　）

□ ❷ ❶のとき，2 つのばねばかりはどんな位置関係にあるか。

（　　　　　　）

□ ❸ 厚紙が静止したとき，A のばねばかりが 5 N を示した。このとき，B の
ばねばかりは何 N を示すか。

【つり合う力の作図】

❻ 図の①，②の力につり合う力を作図しなさい。
□

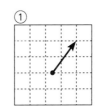 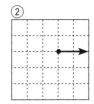

• •

💡ヒント ❺❶厚紙が静止している状態では，2 つの力はつり合っている。

❌ミスに注意 ❻大きさが同じで，向きが反対，一直線上にある力を矢印で表す。

単元3

Step 3 予想テスト　単元3　身近な物理現象

30分　／100点　目標 70点

1 焦点距離が10 cmの凸レンズを使い，図のような装置をつくった。光源と凸レンズとの距離Aと凸レンズとスクリーンとの距離Bを変えて，スクリーンにはっきりとした像が映る距離を調べた。次の問いに答えなさい。

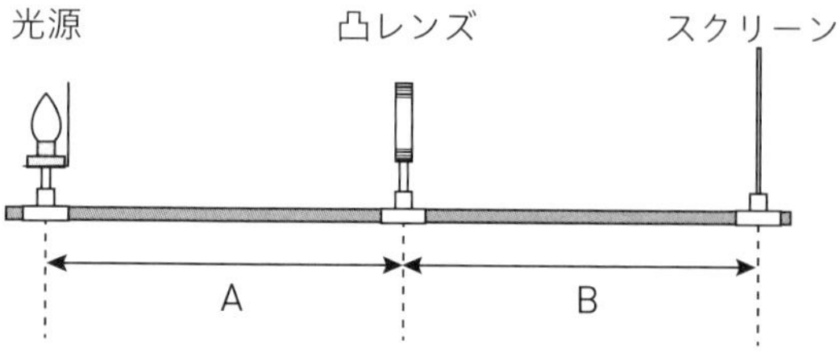

□ 1 光源とスクリーンの位置を動かして，スクリーンに光源と同じ大きさの像ができるようにした。距離A，Bはそれぞれ何cmか。[思]

□ 2 距離Aを短くしていったとき，距離Bはどのように変化するか。[思]

点UP □ 3 距離Aを短くしていき，距離Aがある長さになったとき，距離Bを変えても，スクリーンに像が映らなくなった。このときの距離Aの長さは何cmか。[思]

□ 4 距離Aを3よりも短くしたとき，スクリーンの方から凸レンズをのぞきこむと，実物より大きな像が見えた。この像を何というか。

2 図1のようにして，太鼓をたたき，音が校舎にはね返って聞こえるまでの時間を調べて表にまとめた。次の問いに答えなさい。ただし，音の速さは340 m/sとする。[思]

図1

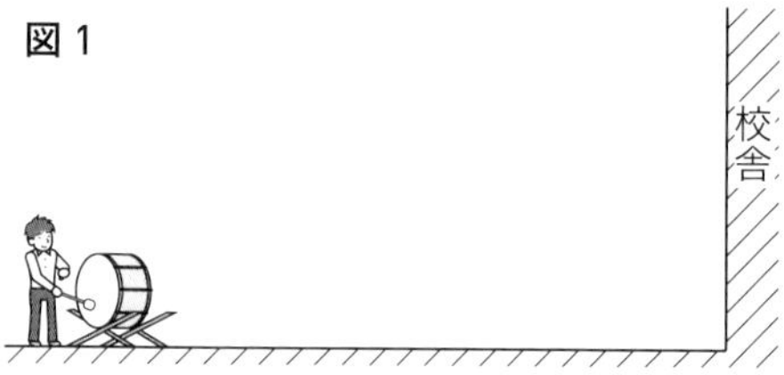

	1回目	2回目	3回目
はね返ってくるまでの時間(s)	1.40	1.42	1.38

□ 1 太鼓の音が聞こえるのは，何が音を伝えたからか。

点UP □ 2 太鼓をたたいた位置は，校舎から何m離れているか。表の数値の平均を出して求めなさい。

□ 3 太鼓の音をオシロスコープで調べると，図2のようになった。

図2

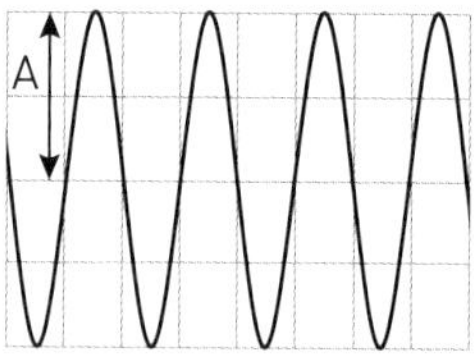

① 図2のAを何というか。

② 1秒間に太鼓が振動する回数を何というか。

③ 太鼓を弱くたたくと，オシロスコープの波形はどのようになるか。次から選びなさい。ただし，縦軸と横軸の目盛りは図2と同じである。

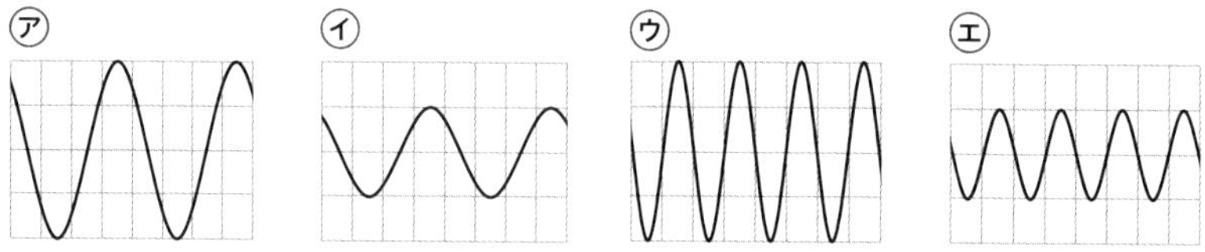

❸ 図のような装置を用意し，ばねに 1 個20 gのおもりをいくつかつるし，おもりの数とばねの長さの関係を調べた。表はその結果である。次の問いに答えなさい。ただし，100 gの物体にはたらく重力の大きさを 1 Nとする。

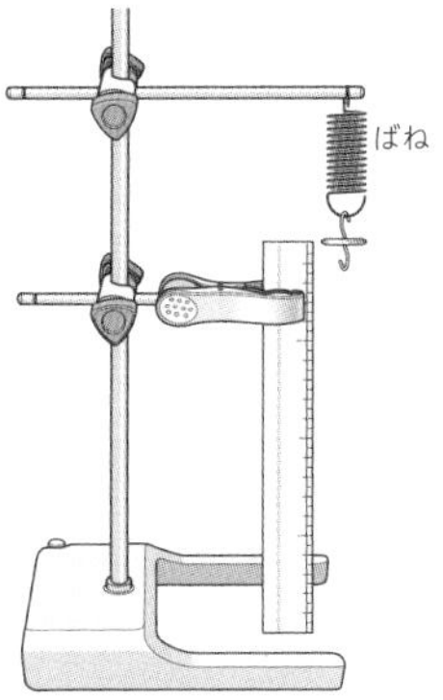

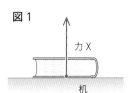
ばね

☐ **❶** おもりを 1 個つるすごとに，ばねは何cm伸びるか。

☐ **❷** おもりをつるさないときのばねの長さは何cmか。

☐ **❸** 50 gの物体をつるすと，ばねの長さは何cmになるか。

☐ **❹** このばねを手で引くと，ばねの長さが15.6 cmになった。手で引いた力の大きさは何Nか。

☐ **❺** おもりの数とばねの長さや伸びには，どのような関係があるか。次から選びなさい。

おもりの数〔個〕	1	2	3	4
ばねの長さ〔cm〕	9.0	10.2	11.4	12.6

　　㋐ ばねの長さは，おもりの数に比例している。
　　㋑ ばねの長さはおもりの数に反比例している。
　　㋒ ばねの伸びはおもりの数に比例している。
　　㋓ ばねの伸びはおもりの数に反比例している。

❹ 図 1 は机の上に本を置いたようす，図 2 は机の上に置いた物体を糸で引いたようすを表している。次の問いに答えなさい。

図 1

力 X

机

☐ **❶** 図 1 で，机が本を押している力 X を何というか。

☐ **❷** ❶の力とつり合っている力は何か。

☐ **❸** 図 2 で示された力のほかに，机の面と平行に物体にはたらく力は，糸が物体を引く力と同じ向きか，反対の向きか。

☐ **❹** 図 2 の物体が動いていないとき，❸の力の大きさは，糸が物体を引く力と比べてどうであるか。次から選びなさい。

　　㋐ 大きい。　㋑ 小さい。　㋒ 同じである。

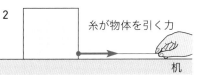
図 2
糸が物体を引く力
机

❶	❶ A	B	❷	
各5点	❸	❹		
❷	❶	❷		
各5点	❸ ①	②	③	
❸	❶	❷	❸	❹
各6点	❺			
❹	❶	❷	❸	❹
各5点				

❶ ／25点　❷ ／25点　❸ ／30点　❹ ／20点

Step 1　基本チェック　1章 火山

⏱ 10分

■ 赤シートを使って答えよう！

日本には100以上の活火山があるよ。

❶ 火山の活動　▶ 教 p.200-208

☐ 地下深くで，岩石が高温でどろどろに溶けた物質を ［ マグマ ］ という。

☐ 地下のマグマが上昇して地表にふき出す現象を噴火という。このとき，ふき出された，マグマがもとになってできた物質を ［ 火山噴出物 ］ という。

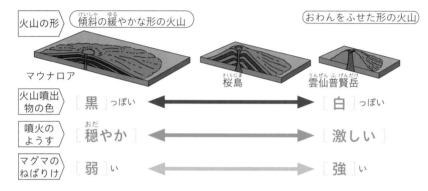

火山の形	傾斜の緩やかな形の火山		おわんをふせた形の火山
	マウナロア	桜島	雲仙普賢岳
火山噴出物の色	［ 黒 ］っぽい	←——————→	［ 白 ］っぽい
噴火のようす	［ 穏やか ］	←——————→	［ 激しい ］
マグマのねばりけ	［ 弱 ］い	←——————→	［ 強 ］い

☐ **火山の形とマグマのねばりけ**

❷ マグマが固まった岩石　▶ 教 p.209-216

☐ 火山灰やマグマが固まってできた岩石には，天然に存在する一定の化学組成をもつ物質の粒の ［ 鉱物 ］ が含まれている。

☐ マグマが冷え固まった岩石を ［ 火成岩 ］ という。マグマが地表や地表近くで急速に冷え固まったものを ［ 火山 ］ 岩，地下でゆっくり冷え固まったものを ［ 深成 ］ 岩という。

☐ 火山岩の，大きな鉱物の結晶（［ 斑晶 ］）とごく小さな鉱物の集まりやガラス質の部分（［ 石基 ］）でできたつくりを ［ 斑状組織 ］ という。

☐ 深成岩の，同じくらいの大きさの鉱物がきっちりと組み合わさってできたつくりを ［ 等粒状組織 ］ という。

［ 石基 ］
［ 斑晶 ］
［ 火山 ］岩

［ 深成 ］岩

☐ **火成岩**

❸ 火山の災害　▶ 教 p.217-219

☐ 災害の軽減や防災対策のために，被災が想定される区域や避難場所・避難経路や防災関係施設の場所などを示した地図を ［ ハザードマップ ］ という。

テストに出る

マグマのねばりけと火山の形をしっかり整理しておこう！

Step 2 予想問題 1章 火山

20分
(1ページ10分)

【火山】

❶ 図は，火山の噴火（ふんか）のようすを模式的に表したものである。次の問いに答えなさい。

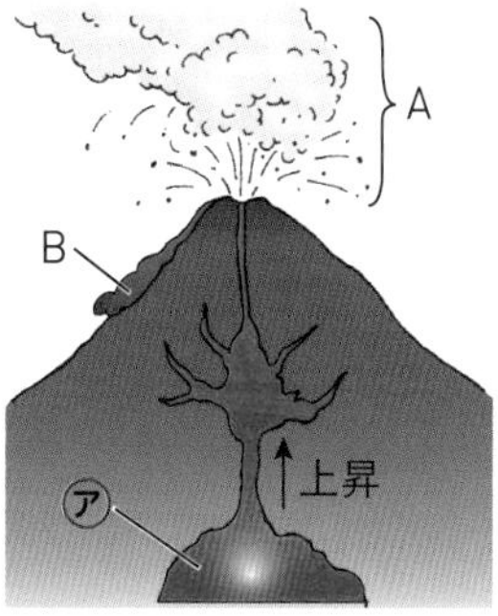

□ ① 火山の地下にある，高温のどろどろとした物質㋐を何というか。その名称（めいしょう）を答えなさい。（　　　）

□ ② 火山の噴火にともない，火山からふき出されるA，Bをまとめて何というか。その名称を答えなさい。（　　　）

□ ③ 図で，㋐が地表に流れ出たBを何というか。その名称を答えなさい。（　　　）

【火山の形と噴火のようす】

❷ 下のA群は火山の形，B群は火山名を表している。あとの問いに答えなさい。

［A群］

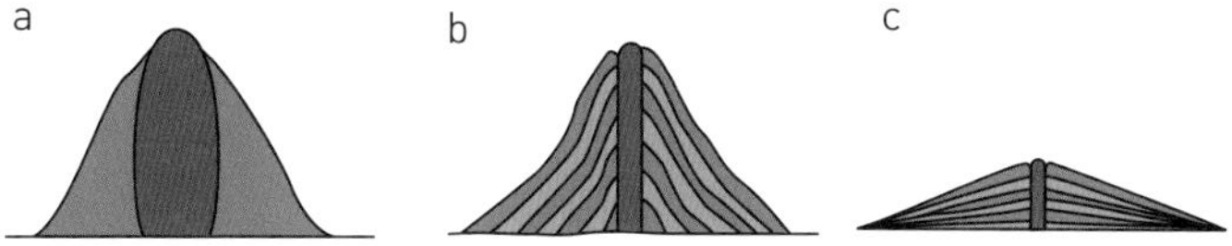

［B群］ ㋐ 桜島（さくらじま）　㋑ マウナロア　㋒ 雲仙普賢岳（うんぜんふげんだけ）

□ ① A群のa～cのうち，マグマのねばりけが弱く，穏（おだ）やかに溶岩（ようがん）を流し出す噴火をくり返すような火山の形はどれか。（　　　）

□ ② ①の火山の例を，B群の㋐～㋒から選びなさい。（　　　）

□ ③ A群のa～cのうち，マグマのねばりけが強く，激しい爆発（ばくはつ）をともなう噴火を起こすような火山の形はどれか。（　　　）

□ ④ ③の火山の例を，B群の㋐～㋒から選びなさい。（　　　）

【火山の災害】

❸ 火山の噴火による災害の軽減や防災について，次の問いに答えなさい。

□ ① 災害の軽減や防災対策のために，被災（ひさい）が想定される区域や避難（ひなん）場所などを示した地図を何というか。その名称を答えなさい。（　　　）

□ ② 火山活動の状況に応じ，とるべき対応を5段階に区分した指標を何というか。その名称を答えなさい。（　　　）

ヒント ❷①③マグマのねばりけによって，溶岩の流れやすさが決まる。

［解答▶p.15］

【火成岩】

❹ 図1は，マグマが冷え固まってできた岩石のようすを表したものである。次の問いに答えなさい。

図1

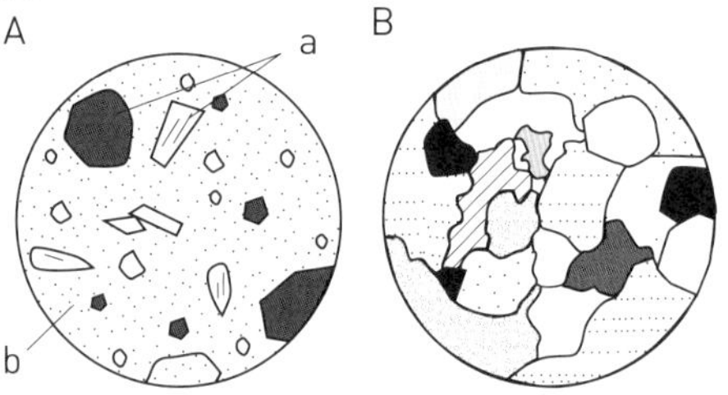

□ ❶ マグマが冷え固まってできた岩石を何というか。その名称を答えなさい。

□ ❷ A，Bの岩石に見られるつくりをそれぞれ何というか。その名称を答えなさい。

A（　　　）　B（　　　）

□ ❸ Aの岩石に見られる大きな結晶aと，そのまわりをうめている細かい物質の部分bを，それぞれ何というか。その名称を答えなさい。　a　　b

□ ❹ A，Bのつくりをもつ岩石をそれぞれ何というか。その名称を答えなさい。　A　　B

□ ❺ A，Bはそれぞれどこでできたか。図2の㋐，㋑から選びなさい。　A　　B

図2

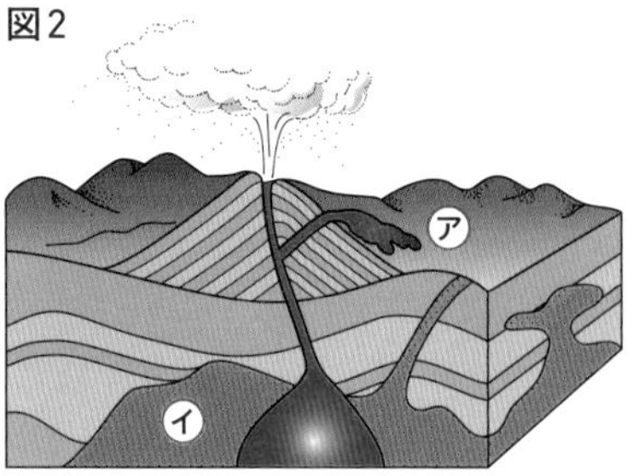

□ ❻ A，Bは花崗岩，安山岩のいずれかである。花崗岩は，A，Bのどちらか。

【火成岩の種類と鉱物】

❺ 表は，火成岩をその色や組織のようすで分類したものである。あとの問いに答えなさい。

岩石全体の色	白っぽい	中間	黒っぽい
斑状組織	A	B	玄武岩
等粒状組織	C	閃緑岩	D

□ ❶ 表の空欄のA～Dに，岩石名を入れなさい。

□ ❷ 玄武岩には，どのような鉱物が含まれているか。次から選びなさい。

㋐ 有色鉱物の長石や石英が大量に含まれている。
㋑ 有色鉱物の輝石やカンラン石が大量に含まれている。
㋒ 有色鉱物の黒雲母が大量に含まれている。
㋓ 無色鉱物の角閃石が大量に含まれている。

含まれている鉱物の割合によって，岩石の色は決まっているよね。

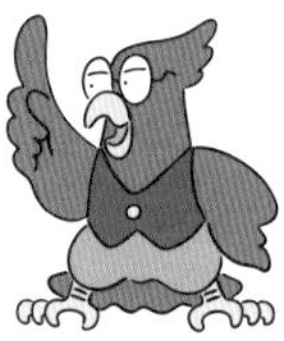

□ ❸ 地下のマグマが長い時間をかけてゆっくりと冷え固まってできた岩石は，玄武岩と閃緑岩のどちらか。

[ヒント] ❹❺火山岩は地表付近，深成岩は地下の深いところで冷え固まってできる。
❺❷石英・長石は無色鉱物，黒雲母・角閃石・輝石・カンラン石は有色鉱物である。

［解答▶p.15-16］

Step 1　基本チェック　2章 地震　⏱10分

赤シートを使って答えよう！

❶ 地震の揺れの大きさ　▶教 p.220-224

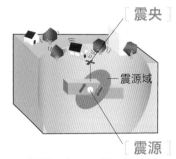

□ 地震の起こる場所

□ ある地点での地面の揺れの程度を［ 震度 ］といい，日本では［ 10 ］段階に分けられている。

□ 地震そのものの規模を［ マグニチュード ］（M）という。

□ 地震は，地下の岩石に力が加わり，耐えきれなくなって破壊されたときに起こる。この破壊が始まった点を［ 震源 ］といい，その真上の地表の点を［ 震央 ］という。

❷ 地面の揺れの伝わり方　▶教 p.225-226

□ 速さ〔km/s〕 = 震源からの［ 距離 ］〔km〕 / 地震が発生してから地面の揺れが始まるまでの時間〔s〕

> P波はPrimary wave，S波はSecondary waveを略しているよ。

❸ 地面の揺れ方の規則性　▶教 p.227-230

□ 地震のはじめの小さな揺れを［ 初期微動 ］，後に続く大きな揺れを［ 主要動 ］という。

□ 初期微動を伝える速さの速い波を［ P波 ］，主要動を伝える遅い波を［ S波 ］という。

□ P波とS波が届くまでの時刻の差を［ 初期微動継続時間 ］といい，震源から遠くなるほど長くなる。

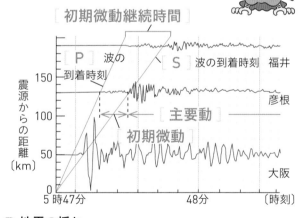

□ 地震の揺れ

❹ 地震の災害　▶教 p.231-233

□ 地震が発生した直後，最大震度が5弱以上と予想された地域がある場合には，［ 緊急地震速報 ］が発表される。

テストに出る　震度とマグニチュードのちがいは間違いやすいので，しっかり理解しておこう！
初期微動継続時間とは，初期微動と主要動の到着時刻の差であることを覚えよう！

Step 2 予想問題　**2章 地震**

20分
(1ページ10分)

【 地震の揺れの大きさ 】

❶ 地震の揺れについて，次の問いに答えなさい。

□ ❶ 岩石に力がはたらいて破壊が始まった点を何というか。
その名称を答えなさい。

□ ❷ ❶の真上の地表の点を何というか。その名称を答えなさい。

□ ❸ 地震によるある地点での揺れの程度を何というか。
その名称を答えなさい。

□ ❹ ❸は，日本では何段階に分けられているか。　　　　　段階

□ ❺ 震源からの距離が同じでも，揺れの大きさが異なることがあるのは，
何がちがうからか。次から選びなさい。
㋐　地下資源の分布　　　㋑　火山の分布　　　㋒　地盤の性質

□ ❻ 地震そのものの規模を表す指標は何か。カタカナで答えなさい。

【 地震による地面の揺れ方 】

❷ 図は，ある地震のある地点での揺れを記録した
ものである。次の問いに答えなさい。

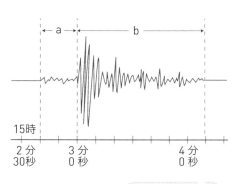

15時
2分　　3分　　　　　4分
30秒　0秒　　　　　0秒

□ ❶ aの部分の揺れと，bの部分の揺れをそれぞれ何
というか。その名称を答えなさい。

a （　　　　　　） b （　　　　　　）

□ ❷ aの部分の揺れを起こす波と，bの部分の揺れを
起こす波をそれぞれ何というか。その名称を答え
なさい。　a （　　　　　） b （　　　　　）

□ ❸ この地点に揺れが到着したのは何時何分何秒か。
（　　　　時　　　　分　　　　秒）

□ ❹ aの揺れはおよそ何秒続いたか。　（　　　　　　）

□ ❺ ❹の時間を何というか。その名称を答えなさい。（　　　　　　）

2つの波は，同時に発生するよね。

· ·

ヒント ❶❻数値が2つ大きくなると，エネルギーは1000倍になる。
❷❶aははじめの小さな揺れ，bは後からくる大きな揺れである。

【 地震による波の伝わり方 】

❸ ある地震の震源からの距離と 2 つの波の到着時刻を調べた
ところ，右の図のようなグラフになった。次の問いに答え
なさい。

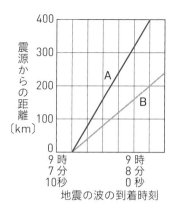

地震の波の到着時刻

□ ❶ この地震が発生したのは何時何分何秒か。

（　　　時　　　分　　　秒　）

□ ❷ P 波のグラフは，A，B どちらか。　　　　　（　　　　　）

□ ❸ P 波，S 波の速さは，それぞれ何 km/s か。

P 波（　　　　　）　　S 波（　　　　　）

□ ❹ 初期微動継続時間が 50 秒だったのは，震源から何 km の地点か。

（　　　　　）

□ ❺ 初期微動継続時間は，震源から遠くなるほど，どうなるか。

（　　　　　）

【 地震の災害 】

❹ 地震による災害について，次の問いに答えなさい。

□ ❶ 大規模な地震が起こるときに，地面がずれて急激にもち上がることを何
というか。その名称を答えなさい。　　　（　　　　　）

□ ❷ 地震により，砂や泥でできたやわらかい土地の土砂と水がふき出してく
ることを何というか。その名称を答えなさい。

□ ❸ 海底で地震が起こるときに，海面で発生し，ときには大きな被害をもた
らすものを何というか。その名称を答えなさい。（　　　　　）

【 緊急地震速報 】

❺ 緊急地震速報について，次の問いに答えなさい。

□ ❶ 緊急地震速報で発表される情報は何か。次から選びなさい。

㋐　地震が発生する前に，発生すると予想される地域が発表される。

㋑　地震が発生した直後に，大きな揺れが予想される地域が発表され
る。

㋒　揺れが到着した直後に，大きな揺れが起こった地域が発表される。

□ ❷ 緊急地震速報は，震源地の近くでは役に立たないことがある。これはな
ぜか。

（　　　　　）

・・・

🔍ヒント　❸❹初期微動継続時間は，震源からの距離に比例している。

❺❶緊急地震速報によって，身を守る行動をとることができる。

単元
4

Step **1** 基本チェック　**3章 地層**　🕐 10分

■ 赤シートを使って答えよう！

❶ 地層のでき方　▶ 教 p.235-238

□ 気温の変化や水のはたらきで，岩石の表面がもろくなることを ［風化］（ふうか）といい，風や水のはたらきで削られることを ［侵食］（しんしょく）という。

□ れき，砂，泥（どろ）などは，流水により ［運搬］（うんぱん）され，水の流れが緩（ゆる）やかになった海底などで ［堆積］（たいせき）し，地層をつくる。

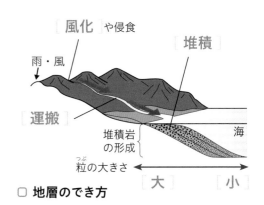

風化 や侵食
堆積
運搬
雨・風
堆積岩の形成
海
粒（つぶ）の大きさ　［大］　［小］

□ 地層のでき方

❷ 地層の観察　▶ 教 p.239-244

火山灰は遠くにいくほど厚さがうすくなるよ。

□ 地層に加わった力のために，地層が切れてずれることによってできたくいちがいを ［断層］（だんそう）といい，押（お）し曲げられたものを ［しゅう曲］（きょく）という。

□ 1枚1枚の層の重なり方を柱状に表したものを ［柱状図］ という。

□ 火山灰の層など，遠く離（はな）れた地層のつながりを知る目印になる層を ［鍵層］（かぎそう）という。

❸ 堆積岩と化石　▶ 教 p.245-249

□ 堆積物が固まってできた岩石を ［堆積岩］（たいせきがん）という。

□ れき岩（さがん），砂岩，泥岩（でいがん）は岩石などのかけらが堆積したもので，粒の ［大きさ］ で区分される。

□ 火山灰や軽石（かるいし）などが堆積したものを ［凝灰岩］（ぎょうかいがん）という。

□ 生物の死がいや生活のあとが地層中に保存されたものを ［化石］（かせき）という。

□ 化石などから決められる地球の時代区分を ［地質年代］（ちしつねんだい）という。

示相化石（しそうかせき）

サンゴ
ごく浅いあたたかい海にすむ。

地層が堆積した当時の ［環境］（かんきょう）がわかる化石

示準化石（ししゅんかせき）

地質年代
サンヨウチュウ　［古生代］
アンモナイト　［中生代］

地層が堆積した年代がわかる化石

□ 化石

テストに出る

れき岩，砂岩，泥岩がどのように海底に堆積してできるかを確認しよう！
それぞれの示相化石と示準化石からわかることを，しっかり整理しておこう！

Step 2 予想問題 3章 地層

20分
(1ページ10分)

【流水のはたらきと堆積】

❶ 地層のでき方について，次の問いに答えなさい。

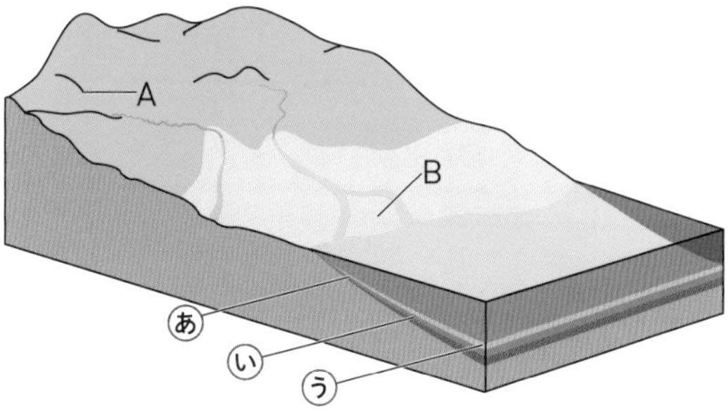

□ ❶ Aで，岩石が風や流水によって削られていくことを何というか。その名称を答えなさい。（ ）

□ ❷ Bで見られる地形を，次から選びなさい。（ ）
㋐ 扇状地 ㋑ V字谷 ㋒ 三角州 ㋓ 海岸段丘

□ ❸ 流水によって運ばれた土砂のうち，泥が堆積するのは，図の[あ]～[う]のどこか。（ ）

【土地の変形】

❷ 図のような地形のでき方について，次の問いに答えなさい。

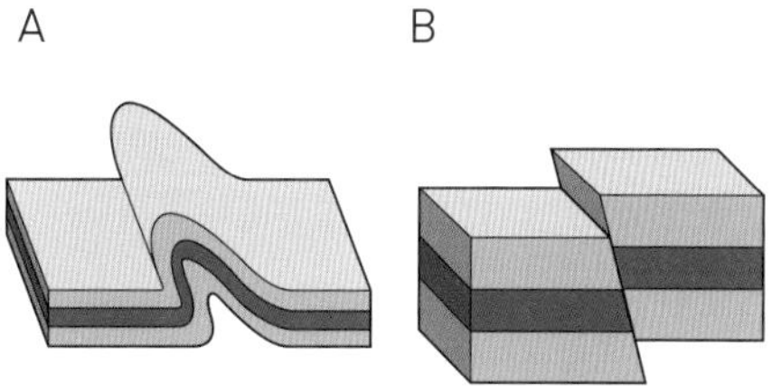

□ ❶ A，Bのような地形をそれぞれ何というか。その名称を答えなさい。

A（ ） B（ ）

□ ❷ Aの地形は，どのようにしてできたか。次から選びなさい。（ ）
㋐ 両側から押された。 ㋑ 両側に引っ張られた。 ㋒ 上下に押された。

【地層の観察】

❸ 図は，5km離れたA，B地点の地下に見られる地層の重なり方を示した柱状図である。A，B地点の標高は同じで，A地点の火山灰の層ⓣとB地点の火山灰の層ⓣとは同じ1枚の地層であることがわかった。なお，この地域では，地層の折れ曲がりによる地層の逆転はなかった。次の問いに答えなさい。

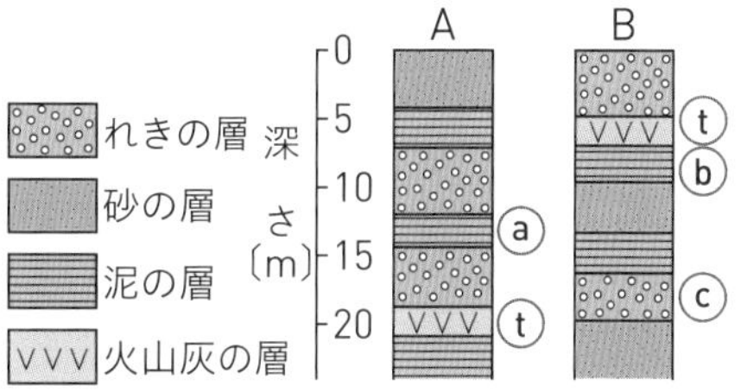

□ ❶ 下線部のように，地層のつながりを推測できる層を何というか。（ ）

□ ❷ A地点の地層ⓐとB地点の地層ⓑ，ⓒができた時代の関係はどうなっているか。古い順に並べなさい。（ → → ）

ヒント ❶❸粒の小さいものの方が，河口から離れたところまで運ばれる。

単元4

【 地層をつくる岩石 】

❹ 砂岩，泥岩，れき岩，石灰岩，チャート，凝灰岩のつくりと構成物質を調べた。次の問いに答えなさい。

□ ❶ 砂岩，泥岩，れき岩，石灰岩，チャート，凝灰岩の岩石をまとめて何というか。その名称を答えなさい。（　　　　）

□ ❷ 砂岩，泥岩，れき岩のうち，粒の大きさが最も大きいものはどれか。（　　　　）

□ ❸ 生物の死がいなどが堆積してできた岩石を 2 つ答えなさい。（　　　　）（　　　　）

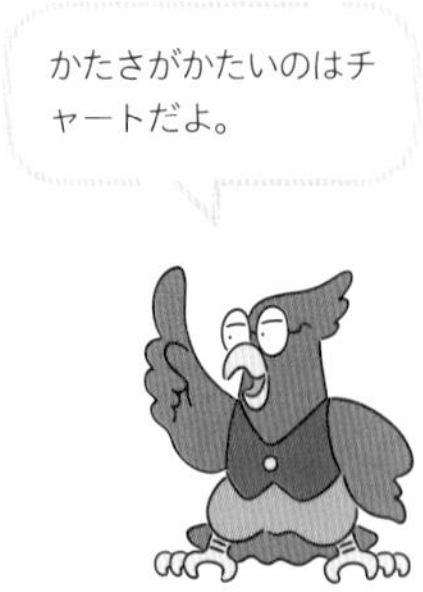

□ ❹ ❸の岩石のうち，うすい塩酸を数滴かけたとき，泡が出るのはどちらか。（　　　　）

□ ❺ 火山灰や軽石などが堆積して固まった岩石はどれか。（　　　　）

□ ❻ ❺に含まれる粒は，れき岩や砂岩の層の粒に比べてどのような特徴があるか。（　　　　）

【 堆積した環境や年代を示す化石】

❺ 次の問いに答えなさい。

□ ❶ 次の①～③の化石を含む地層は，地層が堆積した当時どのような環境であったと考えられるか。下の［　　］からそれぞれ選びなさい。

① サンゴ（　　）

② ブナ（　　）

③ シジミ（　　）

㋐ 河口や湖	㋑ ごく浅いあたたかい海
㋒ 浅い海	㋓ 陸地

□ ❷ ❶のように，過去に地層が堆積した環境を示す化石のことを何というか。その名称を答えなさい。（　　　　）

□ ❸ 地層が堆積した年代を示す化石を何というか。その名称を答えなさい。（　　　　）

A　　B

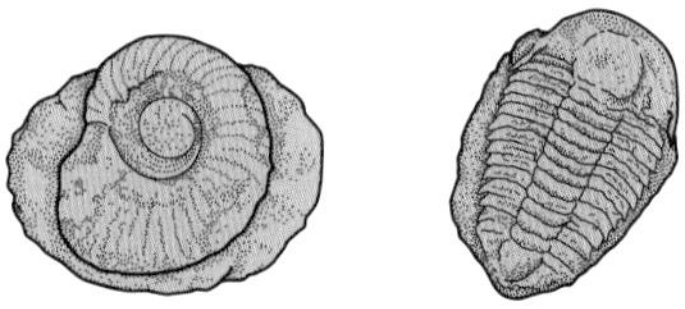

□ ❹ 右の図の A，B の化石を含む地質年代はいつか。

A（　　　　）　B（　　　　）

ヒント　❹❹石灰岩は炭酸カルシウム，チャートは二酸化ケイ素が主な成分である。

❹❻れきや砂は流水で運ばれて堆積するが，火山灰は風で飛ばされて堆積する。

［解答 ▶ p.17-18］

■ 赤シートを使って答えよう！

❶ 火山や地震とプレート　▶ 教 p.251-253

□ 地球の表面は，十数枚の［ プレート ］に覆われている。

□ 日本付近では，［ 海 ］のプレートが陸のプレートの下に沈みこんで，この境界付近で地震や火山活動が起こる。

□ プレートの境界で起こる地震の震源は，プレートの沈みこみに沿って，［ 太平洋 ］側で浅く，［ 日本海 ］側にいくにつれて深くなる。

［ ユーラシア ］プレート　北アメリカプレート
プレートの動き
フィリピン海プレート　［ 太平洋 ］プレート

□ 日本付近のプレート

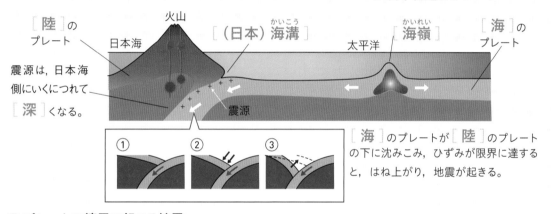

［ 陸 ］のプレート　火山　日本海　［ (日本)海溝 ］　太平洋　［ 海嶺 ］　［ 海 ］のプレート

震源は，日本海側にいくにつれて［ 深 ］くなる。

震源

① ② ③

［ 海 ］のプレートが［ 陸 ］のプレートの下に沈みこみ，ひずみが限界に達すると，はね上がり，地震が起きる。

□ プレートの境界で起こる地震

❷ 地形の変化とプレートの動き　▶ 教 p.254-256

□ 地震によって大地が［ 隆起 ］し，海岸に沿って平らな土地と急な崖ででき た階段状の地形を［ 海岸段丘 ］という。

❸ 自然の恵みと災害　▶ 教 p.257-259

□ 火山の噴火後，山に積もった火山灰などが雨などによって流れ下りる泥流 や［ 土石流 ］が起こることがある。

□ 火山の噴火や大きな地震などによって，斜面などが滑り落ちる ［ 地滑り ］や崖が崩れ落ちる［ 崖崩れ ］などが発生することもある。

テストに出る

地震がプレートの動きとどのように関係しているかを，しっかり理解しよう！
自然がどのような災害と恵みをもたらしているかを整理しておこう！

単元4

Step 2 予想問題 ── 4章 大地の変動

20分
（1ページ10分）

【地震の分布】

❶ 図は，最近100年間の日本付近で被害をもたらした地震の震央の分布と，震源の深さの分布を示している。これについて，次の問いに答えなさい。

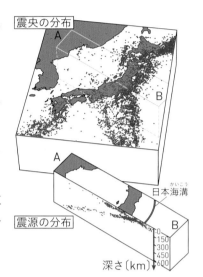
震央の分布
震源の分布
日本海溝
深さ〔km〕

☐ ❶ 地震は，太平洋側と日本海側とでは，どちらに集中しているか。　　　（　　　　）

☐ ❷ 震源の深さの分布は，日本海側にいくにつれて，しだいにどうなっているか。　　　（　　　　）

☐ ❸ 日本列島の太平洋側で起きる大きな地震の原因として，太平洋側のあるものが，大陸側のあるものの下に沈みこんでいるためと考えられている。あるものとは何か。
（　　　　）

☐ ❹ 震源で起こる，地層のずれを何というか。その名称を答えなさい。

【日本付近のプレート】

❷ 図は，日本付近のプレートや海溝のようすを示したものである。これについて，次の問いに答えなさい。

現在考えられている2つのプレートの境
北アメリカプレート
ⓐ ⓑ
ユーラシアプレート
（あ）
フィリピン海プレート

☐ ❶ あのプレートは何プレートというか。その名称を答えなさい。　　　（　　　　）

☐ ❷ ❶のプレートが動く向きは，ⓐとⓑのどちらか。
（　　　　）

☐ ❸ 伊豆半島は，千数百万年前は火山の島であったが，プレートにのって少しずつ北に移動し，500万年前に日本列島に衝突し，200万年前に丹沢山地ができたといわれている。伊豆半島がのっていると思われるプレートの名前を図の中から選びなさい。

☐ ❹ プレートが1年に8cmずつ移動するとしたら，日本から6600km離れているハワイは，何年後に日本に接するか。

⚡ヒント ❶❷地震は，プレートどうしの境界付近で発生することが多い。

⊗ミスに注意 ❷❹単位を合わせることに注意する。

【地形の変化】

❸ 図1は海岸の近く，図2は川で見られる地形を表したものである。
次の問いに答えなさい。

図1

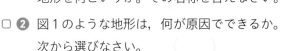

□ ❶ 図1のような，海岸の近くで見られる平らな土地が階段状に並んだ
地形を何というか。その名称を答えなさい。

□ ❷ 図1のような地形は，何が原因でできるか。
次から選びなさい。
㋐ 断層による落ち込み　　㋑ 風化による崖崩れ
㋒ 土地の隆起　　　　　　㋓ 土地の沈降

図2

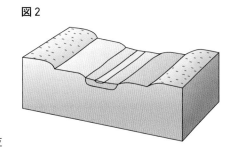

□ ❸ 最初にできた平らな土地は，
図1のⓐ〜ⓒのどれか。

□ ❹ 図2のような，川で見られる平らな土地が階段状に並
んだ地形を何というか。その名称を答えなさい。

【自然のもたらす災害】

❹ 自然のもたらす災害について，次の問いに答えなさい。

□ ❶ 図のように，かたむいた土地が大規模に崩れ落ちる現象を何
というか。その名称を答えなさい。

□ ❷ ❶が起こって川がせき止められたとき，たまった水で土砂が
一気に流されることがある。この現象を何というか。
その名称を答えなさい。

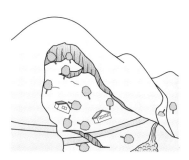

【自然の恵み】

❺ 自然の恵みについて，次の問いに答えなさい。

□ ❶ 草津（群馬県）では，火山をどのように観光に利用しているか。

□ ❷ マグマの熱を利用して行われている発電を何というか。
その名称を答えなさい。

□ ❸ 地球の活動で生み出された地形が，そこにすむ生物とどのように深くか
かわっているかを学べる公園を何というか。その名称を答えなさい。

・・

🔎 ヒント ❸❸平らな土地は，海岸が削られてからもり上がることを繰り返してできる。

Step 3 予想テスト　単元4　大地の変化

30分　/100点　目標 70点

❶ 図は，火成岩をルーペで観察したときのスケッチである。次の問いに答えなさい。

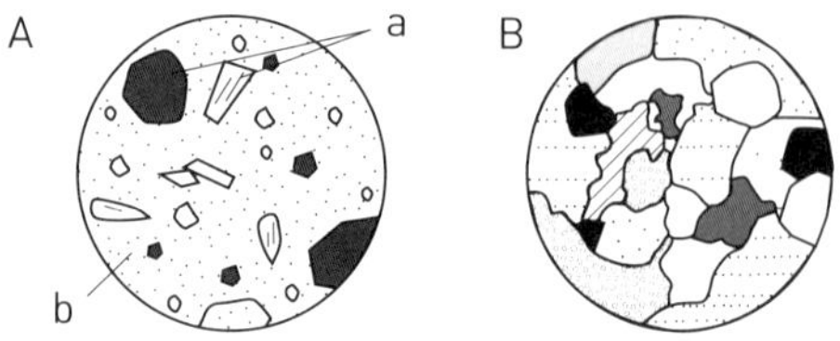

□ ❶ Aのような組織を何というか。

□ ❷ Aのa，bをそれぞれ何というか。

□ ❸ 地下深いところでできた火成岩は，A，Bのどちらか。

点UP □ ❹ ❸のように判断した理由を,「結晶」という言葉を使って書きなさい。[思]

❷ 図1は，ある観測点における地震計の記録であり，表は，各観測地点での観測データである。あとの問いに答えなさい。

図1

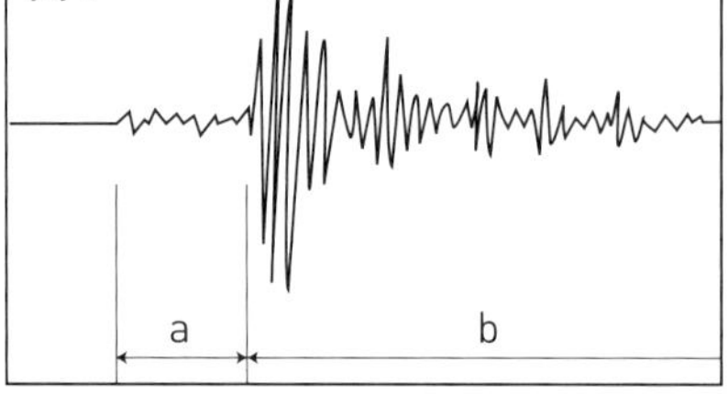

観測地点	震源からの距離	aの揺れが始まった時刻	bの揺れが始まった時刻
A	50km	10時20分10秒	10時20分16秒
B	80km	10時20分16秒	10時20分27秒
C	120km	10時20分24秒	10時20分40秒
D	150km	10時20分30秒	10時20分50秒

□ ❶ bの揺れを何というか。

□ ❷ 表をもとに，a，bの揺れが始まった時刻と震源からの距離との関係を，図2のグラフにかき入れなさい。[技]

図2

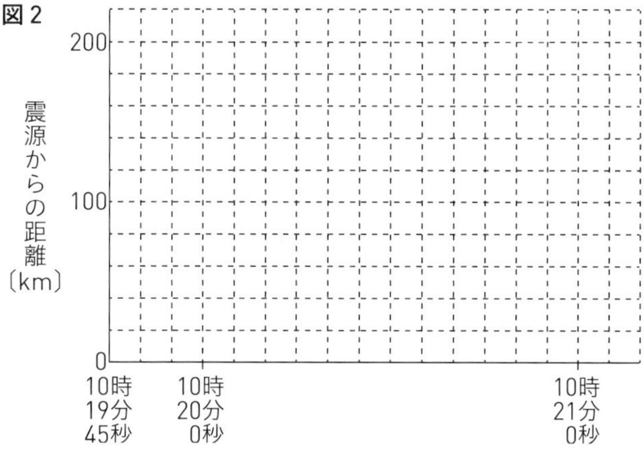

点UP □ ❸ S波の伝わる速さは何km/sか。小数第1位を四捨五入して，整数で答えなさい。[技]

□ ❹ この地震が発生した時刻はいつか。次から選びなさい。[技]

㋐ 10時19分45秒
㋑ 10時19分55秒
㋒ 10時20分0秒
㋓ 10時20分5秒
㋔ 10時20分10秒

点UP □ ❺ 地震は，震度とマグニチュードの2つの大きさで表される。マグニチュードは何を表しているか。説明しなさい。[思]

❸ 図1は，地点A，Bで見られる地層の積み重なりを表したものである。次の問いに答えなさい。ただし，この地域の地層は平行で傾きがなく，折れ曲がりによる逆転はないものとする。

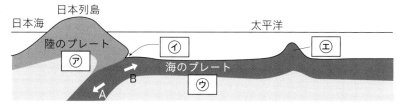

図1

□ **❶** 地層の重なり方を図1のように表したものを何というか。その名称を答えなさい。

□ **❷** 地点Aの標高が80 mであったとすると，地点Bの標高は何mか。[技]

□ **❸** 地点Aでは，Xの層が堆積した後，海面からの深さはどう変化したか。[思]

□ **❹** 図2のビカリアの化石のように，地層が堆積した年代を示す化石を何というか。その名称を答えなさい。

図2

□ **❺** ビカリアの化石を含む地層の地質年代はどれか。次から選びなさい。
㋐ 古生代　　㋑ 中生代　　㋒ 新生代

❹ 図は，日本列島の断面図を模式的に示したものである。次の問いに答えなさい。

□ **❶** ㋑，㋓にあてはまる言葉を書きなさい。

□ **❷** ㋑はどのようなところか。「プレート」という言葉を使って，簡単に説明しなさい。[思]

□ **❸** 海のプレートは，A，Bのどちらに動くか。

□ **❹** 多くの地震が起きるところはどこか。図の㋐〜㋒から全て選びなさい。

テスト前 ☑ やることチェック表

① まずはテストの目標をたてよう。頑張ったら達成できそうなちょっと上のレベルを目指そう。
② 次にやることを書こう（「ズバリ英語〇ページ，数学〇ページ」など）。
③ やり終えたら□に✓を入れよう。
　　最初に完ぺきな計画をたてる必要はなく，まずは数日分の計画をつくって，
　　その後追加・修正していっても良いね。

目標

	日付	やること1	やること2
2週間前	／	☐	☐
	／	☐	☐
	／	☐	☐
	／	☐	☐
	／	☐	☐
	／	☐	☐
	／	☐	☐
1週間前	／	☐	☐
	／	☐	☐
	／	☐	☐
	／	☐	☐
	／	☐	☐
	／	☐	☐
	／	☐	☐
テスト期間	／	☐	☐
	／	☐	☐
	／	☐	☐
	／	☐	☐
	／	☐	☐

テスト前 ☑ やることチェック表

① まずはテストの目標をたてよう。頑張ったら達成できそうなちょっと上のレベルを目指そう。
② 次にやることを書こう（「ズバリ英語〇ページ，数学〇ページ」など）。
③ やり終えたら□に✓を入れよう。
　最初に完べきな計画をたてる必要はなく，まずは数日分の計画をつくって，
　その後追加・修正していっても良いね。

目標

	日付	やること 1	やること 2
2週間前	／	☐	☐
	／	☐	☐
	／	☐	☐
	／	☐	☐
	／	☐	☐
	／	☐	☐
	／	☐	☐
1週間前	／	☐	☐
	／	☐	☐
	／	☐	☐
	／	☐	☐
	／	☐	☐
	／	☐	☐
テスト期間	／	☐	☐
	／	☐	☐
	／	☐	☐
	／	☐	☐
	／	☐	☐

大日本図書版 **理科 1 年** ｜ **定期テスト ズバリよくでる** ｜ **解答集**

生物の世界

p. 3 - 5　**Step ②**

❶ ❶ ウ→ア→イ　❷ イ

❷ ❶ 5 枚　❷ ウ→エ→ア→イ　❸ 花弁
　❹ 離弁花　❺ 合弁花　❻ ウ

❸ ❶ 子房　❷ B　❸ 虫媒花
　❹ 受粉　❺ C　❻ 被子植物　❼ 種子植物

❹ ❶ 葉脈　❷ A 網状脈　B 平行脈
　❸ C　❹ イ, ウ　❺ 単子葉類

❺ ❶ 図 2　❷ ア 側根　イ 主根　❸ ひげ根
　❹ 根毛　❺ 2 枚

❻ ❶ B　❷ 記号…G　名称…花粉のう
　❸ E　❹ 裸子植物
　❺ ア, エ　❻ イ, ウ, オ

考え方

❶ ❶ 双眼実体顕微鏡で観察するときは，まず，両目でのぞきながら，視野が重なって見えるように鏡筒の間隔を調節する。次に，右目でのぞきながら，調節ねじを回して鏡筒を上下させてピントを合わせる。その後，左目でのぞきながら，視度調節リングを回してピントを合わせる。

　❷ スケッチするときは，対象とするものだけをかき，影をつけず輪郭がはっきりとするように 1 本の細い線でかく。気づいたことはことばでも記録する。

❷ ❶❷ エンドウの花は，中心から，めしべ，おしべ，花弁，がくの順についており，花弁は 5 枚ある。

　❸ ルーペを使って観察するとき，ルーペは目に近づけて持ち，見たいものが動かせるときは見たいものを前後に動かしてよく見える位置を探す。見たいものが動かせないときは顔を前後に動かしてよく見える位置を探す。

❹ ❺ 花弁が互いに離れている花を離弁花といい，花弁がくっついている花を合弁花という。

　❻ サクラ（ア）とアブラナ（イ）は花弁が互いに離れているので離弁花，ツツジ（ウ）は花弁がくっついているので合弁花である。

❸ ❶ A はめしべの花柱の先の柱頭，B はおしべの先の小さな袋のやく，C は胚珠，D は子房である。

　❷ 花粉は，おしべの先のやくの中に入っている。

　❸ 虫によって花粉が運ばれる植物の花を虫媒花という。虫媒花は目立つ形や色が多く，花に引き寄せられた虫が花粉を運ぶ。虫媒花の花粉は，虫によって運ばれやすいようにべたべたしていることが多い。一方，風によって花粉が運ばれる植物の花を風媒花という。風媒花は目立たない形や色で，花粉はさらさらしていて小さく軽いことが多い。

　❹❺ めしべの柱頭におしべの花粉がつくことを受粉といい，受粉後，子房は成長して果実に，胚珠は成長して種子になる。

　❻ 胚珠が子房の中にある植物を被子植物という。

　❼ 種子をつくってなかまをふやす植物を種子植物という。

❹ ❶ 葉に見られるすじを葉脈といい，葉脈には水や養分の通り道がある。

　❷ 葉脈には，ホウセンカのように網目状のもの（網状脈）と，ツユクサのように平行なもの（平行脈）がある。

　❸❹ 葉脈が網目状をしているのは双子葉類で，子葉は 2 枚である。双子葉類は，ホウセンカ（イ）とヒマワリ（ウ）で，トウモロコシ（ア）とツユクサ（エ）は単子葉類である。

⑤ 葉脈が平行なのは単子葉類で，子葉は１枚である。

❺ ① ツユクサは，図２のようにたくさんの細い根が広がっている。

② 太いイを主根，主根から出る細いアを側根という。

③ 広がっているたくさんの細い根をひげ根という。

④ 根の先端近くには根毛が生えており，土の小さな隙間に広がっている。これにより，根の表面積が大きくなり，水や養分をとり入れやすくなっている。

⑤ 図１のように，主根と側根をもつのは双子葉類なので，子葉は２枚である。

❻ ① Ａが雌花，Ｂが雄花である。Ｃは昨年の雌花で，種子は熟すまでに１年以上かかる。熟した種子には翼があり，風を受けて舞いながら散らばる。

② 雄花のりん片には花粉のう（Ｇ）があり，その中に花粉が入っている。

③ 雌花には子房がなく，胚珠（Ｅ）はむき出しのままりん片についているので，受粉するときは，花粉は直接胚珠につく。

④ マツのように，胚珠がむき出しの植物を裸子植物という。

⑤ 裸子植物には子房がないため，果実はできない。㋑，㋒は被子植物の特徴である。

⑥ 裸子植物は，スギ（㋑），イチョウ（㋒），ソテツ（㋔）で，サクラ（㋐），トウモロコシ（㋓），ヒマワリ（㋕）は被子植物である。

p.7-8 Step ❷

❶ ① ＡとＢ…**コケ植物**　ＣとＤ…**シダ植物**
② Ｂ　③ ㋐，㋓　④ **仮根**　⑤ Ａ，Ｂ，Ｃ，Ｄ

❷ ① 根…ⓓ　茎…ⓑ　② **胞子のう**　③ ㋑
④ **胞子**

❸ ① **裸子植物**　② Ｂ　③ Ｃ，Ｄ　④ Ａ

❹ ① ⓑ ④　ⓒ ②　ⓔ ⑤　② ㋑，㋒

考え方

❶ ①② Ａはスギゴケ，Ｂはゼニゴケ，Ｃはイヌワラビ，Ｄはゼンマイである。スギゴケとゼニゴケはコケ植物，イヌワラビとゼンマイはシダ植物である。

③ 胞子が入っている胞子のうは，雌株にある。

④ コケ植物の根のようなものは仮根という。

⑤ シダ植物とコケ植物は，種子をつくらず胞子をつくってなかまをふやす。

❷ ① ⓐとⓒが葉，ⓑが茎，ⓓが根である。イヌワラビの茎は地中にある。

②③ イヌワラビは，胞子でなかまをふやす。胞子の入っている胞子のうは，葉の裏に見られる。

❸ ①② 胚珠が子房の中にある植物を被子植物，胚珠がむき出しの植物を裸子植物という。裸子植物はマツ（Ｂ）で，それ以外は被子植物である。

③ 子葉が２枚の植物は双子葉類で，双子葉類はアサガオ（Ｃ）とエンドウ（Ｄ）である。

④ 子葉が１枚で，ひげ根をもつ植物は単子葉類で，単子葉類はツユクサ（Ａ）である。

❹ ① ⓑシダ植物とコケ植物の特徴である「種子をつくらない」があてはまる。ⓒ被子植物の特徴である「胚珠が子房の中にある」があてはまる。ⓔ双子葉類の特徴である「子葉が２枚」があてはまる。

② アブラナのように，互いに離れている花弁をもつ植物は，サクラ（㋑）とバラ（㋒）である。アサガオ（㋐）とツツジ（㋓）は，花弁がくっついている。

p.10-12 Step ❷

❶ ① **背骨**　② **脊椎動物**
③ イワシ…Ａ　エビ…Ｂ　イヌ…Ａ

❷ ① Ｂ **両生類**　Ｅ **哺乳類**
② ヘビ…Ｃ　ペンギン…Ｄ
③ Ｃ　④ Ｂ　⑤ Ｃ，Ｄ，Ｅ

❸ ① Ｘ **哺乳類**　Ｙ **魚類**　② (Ａ) **肺**　(Ｂ) **えら**

(C)肺

❸ (D)ウ　(E)イ　(F)エ

❹ ❶ 胎生　❷ ある　❸ ウ　❹ B　❺ ヒバリ

❺ ❶ 肉食動物　❷ 草食動物

❸ A 犬歯　B 門歯　C 臼歯

❹ B イ　C ウ

❺ ライオン…A，C　シマウマ…B，C

❻ ライオン…イ　シマウマ…ア

❼ ライオン…イ　シマウマ…ウ

考え方

❶ ❶❷ 動物は，背骨のある脊椎動物（グルー
プA）と，背骨のない無脊椎動物（グルー
プB）に分けられる。

❸ イワシとイヌは脊椎動物，エビは無脊椎動
物である。

❷ ❶ ヒキガエルは両生類，ニホンザルは哺乳
類である。

❷ ヘビはニホントカゲと同じなかまで，は
虫類である。ペンギンはキジバトと同じ
なかまで，鳥類である。

❸❹ 多くの脊椎動物は，骨や筋肉を使って，
生活する場所に適した方法で，移動する
ことができる。

❺ 陸上で一生を過ごすなかまは，哺乳類，鳥
類，は虫類である。

❸ ❶ 体の表面がやわらかい毛で覆われ，肺で呼
吸をする動物は哺乳類である。体の表面が
うろこで覆われ，えらで呼吸する動物は魚
類である。

❷ は虫類は陸上で過ごすので，肺で呼吸する。
両生類は，子のときは水中で過ごすので，
えらと皮ふで呼吸し，成長すると，陸上で
過ごすようになり，肺と皮ふで呼吸する。

❸ 鳥類の体の表面は羽毛で覆われている。は
虫類の体の表面はうろこで覆われており，
乾燥に強い。両生類の皮ふは湿っており，
乾燥に弱い。

❹ ❶ ニホンザルのような哺乳類は，雌の体内で
受精した後に卵が育ち，子が生まれる。こ
のようななかまのふやし方を胎生という。

❷ トカゲのようなは虫類は，陸上に殻のある
卵を産む。殻のある卵は乾燥に強い。

❸ トノサマガエルの1回の産卵数は約2000
個である。産卵数や子の数は魚類がいちば
ん多く，両生類，は虫類，鳥類，哺乳類の
順に少なくなる。

❹ 魚類と両生類の卵は水中で育ち，子は水中
でかえる。は虫類と鳥類の卵は陸上で育ち，
子は陸上でかえる。

❺ ヒバリのような鳥類は1回の産卵数が少な
く，親が卵をあたためて子がかえる。卵か
らかえった子は，しばらくの間は親から食
物を与えられるものが多い。

❺ ❶❷ ライオンは，主に他の動物を食べる肉
食動物，シマウマは，主に植物を食べる草
食動物である。

❸❹❺ ライオンなどの肉食動物では犬歯
（A）と臼歯（C）が発達しており，シマ
ウマなどの草食動物では門歯（B）と臼歯
（C）が発達している。ライオンの犬歯は
肉を食いちぎるのに，シマウマの門歯は草
を食いちぎるのに，臼歯は細かくすりつぶ
すのに役立っている。

❻ ライオンのあしは，獲物をとらえるために，
するどい爪をもつ。

❼ 肉食動物の目は，立体的に見える範囲が広
く，距離をはかりながら獲物を追いかける
ことができる。草食動物の目は，広い範囲
を見ることができ，おそってくる動物に素
早く気づくことができる。

---

p.14-15　Step ❷

❶ ❶ 節足動物　❷ エ

❸ A 甲殻類　B 昆虫類　❹ B

❷ ❶ A 頭部　B 胸部　C 腹部

❷ 外骨格　❸ 気門　❹ 脱皮

❸ ❶ 外とう膜　❷ えら　❸ 軟体動物

❹ イ，ウ，エ

❹ ❶ 背骨がない。　❷ 無脊椎動物

❸ A，C　❹ 節足動物

3

❺ ① A㋒　B㋐　C㋑　② **無脊椎動物**

[考え方]

❶ ①③ 体が多くの節でできている動物を，節足動物という。節足動物は，甲殻類（グループA），昆虫類（グループB），クモなどのなかま（グループC）などに分けられる。

② ㋐ザリガニの体は，頭胸部と腹部に分かれているが，バッタの体は，頭部，胸部，腹部に分かれているので，節足動物の特徴ではない。㋑ザリガニはえらで呼吸するが，バッタは，気門から空気をとり入れて呼吸するので，節足動物の特徴ではない。㋒バッタはあしが3対あるが，ザリガニはあしが5対あるので，節足動物の特徴ではない。㋓節足動物は，体の外側にかたい殻の外骨格があるので，節足動物の特徴である。

④ カブトムシの体は頭部，胸部，腹部の3つの部分に分かれ，あしが胸部に3対あるので昆虫類である。

❷ ② 節足動物のなかまは，体の外側のかたい殻で体を支えたり内部を保護したりしている。このかたい殻を外骨格という。一方，脊椎動物は体の内部にある背骨と筋肉で体を支えている。これを内骨格という。

④ 節足動物の外骨格は大きくならない。そのため，モンシロチョウは外骨格を脱ぎ捨てて成長する。

❸ ① イカの体には，内臓を包んでいる外とう膜がある。また，節のないやわらかいあしがあり，あしは筋肉で動かす。

④ ㋐バッタは，節足動物の昆虫類である。㋔カニは，節足動物の甲殻類である。㋕クラゲは，節足動物や軟体動物とは別の，その他の無脊椎動物に分類される。ミミズやウニ，ナマコなどもここに分類される。

❹ ①② 無脊椎動物に共通する特徴は，背骨がないことである。

③④ 節足動物はバッタ（A）とエビ（C）である。イカ（B）は軟体動物，クラゲ（D）とミミズ（E）はその他の無脊椎動物である。

❺ ① A脊椎動物は背骨があるが，無脊椎動物には背骨がない。B哺乳類は胎生であるが，その他の脊椎動物は卵生である。C鳥類とは虫類の卵には殻があるが，両生類と魚類の卵には殻がない。

p.16-17 Step 3

❶ ① **双眼実体顕微鏡**

② A **接眼レンズ**　B **視度調節リング**

C **対物レンズ**

③ **立体的に見える。**

④ (1)ⓐ **めしべ**　ⓑ **花弁**

(2)記号…ⓔ　名称…**子房**

❷ ① **種子**　② **雌花**　③ **B**

④ ⓐ記号…㋒　名称…**やく**

ⓑ記号…㋔　名称…**胚珠**

⑤ **D**

❸ ① P㋑　Q㋐　② イネ…**B**　スギナ…**C**

❹ ① A㋔　B㋐　C㋑　D㋓　E㋕　F㋒

② ⓒ，ⓔ　③ **両生類**　④ ⓒ

⑤ 子のとき…ⓑ　成長したとき…ⓓ

[考え方]

❶ ② 双眼実体顕微鏡は，両目で接眼レンズ（A）をのぞきながら，視野が重なって見えるように鏡筒の間隔を調節し，右目でのぞきながら，調節ねじを回して鏡筒を上下させてピントを合わせる。その後，左目でのぞきながら，視度調節リング（B）を回してピントを合わせる。

③ 双眼実体顕微鏡は，プレパラートをつくる必要がなく，立体的に観察することができる。

④ ⓐはめしべ，ⓑは花弁，ⓒはおしべ，ⓓはがく，ⓔは子房である。受粉後，成長して果実になるのは子房で，胚珠は成長すると種子になる。

❷ ① ㋐は花弁，㋑はめしべの柱頭，㋒はおしべのやく，㋓は子房，㋔は胚珠，㋕はがくである。めしべの柱頭に花粉がつくことを受粉という。受粉後，胚珠は成長して種子になる。

② マツの若い枝の先の方についているのが雌花（A），新芽のつけ根についている方が雄花（B）である。

③ Cは雄花（B）のりん片，Dは雌花（A）のりん片である。

④ ⓐは花粉のう，ⓑは胚珠である。花粉のうの中には花粉が入っていて，おしべのやくと同じはたらきをする。

⑤ Eは種子である。受粉後，胚珠は成長して種子になる。

❸ ① Cは種子をつくらない植物なのでスギナであるとわかる。Pは，イチョウがあてはまらない特徴なので，「胚珠が子房の中にある（㋑）」である。Qは，イネとサクラで異なる特徴があてはまるので，「子葉が2枚で，主根と側根をもつ（㋐）」である。

② Aは双子葉類のサクラ，Bは単子葉類のイネ，Cはシダ植物のスギナがあてはまる。

❹ ① ⑤ Aライオンは子としての体ができてから生まれる胎生で，雌の親が出す乳で育てられる。Bライオン，ペンギン，ヘビは，一生陸上で生活し，肺で呼吸をする。Cライオン，ペンギン，ヘビ，カエル，メダカは脊椎動物である。Dカエルは子のときはえらと皮ふで呼吸し，成長すると肺と皮ふで呼吸する。Eトンボ，エビは外骨格をもち，体に多くの節がある節足動物である。Fタコは内臓が外とう膜に包まれている軟体動物である。

② 脊椎動物のうち，体の表面がうろこで覆われているのは魚類とは虫類なので，ヘビとメダカである。

③ カエルは脊椎動物の両生類である。

④ エビは節足動物の甲殻類である。甲殻類はカニ（ⓒ）で，トノサマバッタ（ⓐ），カブトムシ（ⓑ），アゲハ（ⓓ）は節足動物の昆虫類である。

物質のすがた

p.19-21　Step ❷

❶ ① a **空気調節ねじ**　b **ガス調節ねじ**
② **b**　③ ねじ…**a**　色…**青色**
④ **㋒→㋓→㋔→㋐→㋑**

❷ ① **有機物**　② **無機物**　③ **二酸化炭素**
④ A **片栗粉**　B **砂糖**　C **食塩**

❸ ① **㋑，㋒，㋔，㋗**　② **二酸化炭素**
③ **㋓，㋕**　④ **ⓑ**

❹ ① **金属光沢**　② **㋐，㋒，㋓**　③ **非金属**

❺ ① **鉄**　② **密度**　③ **発泡ポリスチレン**

❻ ① **150 cm³**　② **水銀**　③ **2706 g**
④ ① **8.95 g/cm³**　② **銅**　⑤ **浮く。**

❼ ① **水平な台の上**　② **㋓**　③ $\frac{1}{10}$
④ **63.5 mL**

考え方

❶ ② ③ ガス調節ねじで炎の大きさを，空気調節ねじで炎の色を調節する。炎が赤（オレンジ）色のときは，空気の量が不足している。

④ ガスバーナーに火をつけるときは，ガス調節ねじ，空気調節ねじが閉まっていることを確認し，元栓を開き，コックがついているものはコックも開く。マッチに火をつけ，ガス調節ねじを少しずつ開き，点火する。ガス調節ねじを押さえて空気調節ねじだけを少しずつ開いて青色の炎にする。火を消すときは，空気調節ねじ，ガス調節ねじ，コック，元栓の順に閉める。

❷ ① ② 炭素を含む物質を有機物，それ以外の物質を無機物という。有機物は，加熱すると黒く焦げて炭（炭素）になったり，二酸化炭素が発生したりする。

③ 石灰水を入れてよく振ると白くにごったことから，二酸化炭素が発生したことがわかる。

④ 実験1よりA，Bは有機物，Cは無機物で

あることがわかる。よって，Cは食塩である。また，実験1よりBは溶けて茶色になり，黒く焦げているので，Bは砂糖であり，Aは片栗粉である。

❸ ❷ 有機物は，燃やすと二酸化炭素が発生する。
❹ 金属は無機物である。

❹ ❷ 鉄は磁石に引きつけられるが，すべての金属が磁石に引きつけられるわけではない。それ以外の特徴は，すべての金属に共通する特徴である。

❺ ❷ 1 cm^3の質量を比べている。この一定体積当たりの質量を密度という。
❸ 同じ質量ずつとると，密度の小さい発泡ポリスチレンの体積の方が大きくなる。

❻ ❶ 体積〔cm^3〕＝質量〔g〕÷密度〔g/cm^3〕より，$405\,g \div 2.70\,g/cm^3 = 150\,cm^3$
❷ 同じ質量の物質では，密度が最も大きい物質の体積が最も小さくなる。
❸ 質量〔g〕＝密度〔g/cm^3〕×体積〔cm^3〕より，$13.53\,g/cm^3 \times 200\,cm^3 = 2706\,g$
❹ 密度は，$\dfrac{179.0\,g}{20.0\,cm^3} = 8.95\,g/cm^3$　密度がこの値に最も近い物質は銅である。
❺ 水銀よりもアルミニウムの方が密度が小さいので浮く。

❼ ❷ 液面の最も低い位置を，真横から見て読む。
❸ ❹ 最小目盛りの$\dfrac{1}{10}$まで目分量で読むので，1 mLの$\dfrac{1}{10}$の0.1 mLまで読む。よって，63.5 mL。

p.23-25 Step ❷

❶ ❶ A **水上置換法**　B **下方置換法**　C **上方置換法**
❷ ① C　② B　③ A

❷ ❶ **白くにごる。**　❷ ㋐
❸ **二酸化炭素が水に溶けたから。**

❸ ❶ **酸素**　❷ **激しく燃える。**
❸ **水素**　❹ **内側が水滴でくもっている。**

❹ ❶ ㋒
❷ **水に溶けやすく，空気より密度が小さい性質。**
❸ ① **赤色**　② **アルカリ性**

❺ ❶ ㋑　❷ C **水上置換法**　D **上方置換法**
❸ A **水素**　B **二酸化炭素**　C **酸素**　D **アンモニア**

❻ ❶ ㋒　❷ ㋑　❸ ㋐　❹ ㋐，㋓　❺ ㋓

❼ ❶ ㋓　❷ ㋒

[考え方]

❶ ❶ Aは水と置き換えて気体を集める方法。はじめに集気瓶の中を水で満たしておくと，発生した気体によって水が押し出される。どれだけ気体が集まったのかがわかりやすく，他の気体が混ざりにくい。B，Cは，空気と置き換えて気体を集める方法。ガラス管の先は集気瓶の底の方までくるようにして，発生した気体によって空気が押し出されるようにする。
❷ 水に溶けにくい気体は水上置換法で集める。水に溶けやすい気体は，空気より密度が大きければ下方置換法，密度が小さければ上方置換法で集める。

❷ ❶ 二酸化炭素には，石灰水を白くにごらせる性質がある。
❷ ❸ 二酸化炭素には，水に少し溶ける性質がある。そのため，溶けた分だけ試験管の中の水面が上がる。

❸ ❷ 酸素そのものは燃えないが，ものを燃やすはたらき（助燃性）がある。
❹ 空気中で，水素に火を近づけるとポッと音を立てて燃え，水ができる。水素と酸素が混ざったものに火を近づけると，激しい爆発が起こるので注意しなければならない。

❹ ❶ ㋐は二酸化炭素，㋑は水素，㋓は酸素の発生方法である。
❸ 水でぬらしたろ紙にアンモニアが溶け，フェノールフタレイン液を加えた水が吸い上げられる。この水にアンモニアが溶けて，フェノールフタレイン液はアルカリ性を示す赤色になる。

▶ 本文 p.25-30

❺ ① 空気中で火をつけると，爆発的に燃える気体は水素（A）である。水素は，塩酸に鉄や亜鉛などの金属を入れると発生する。

② 気体Cは水に溶けにくいので，水上置換法で集める。気体Dは水に溶けやすく，空気より密度が小さいので，上方置換法で集める。

③ 気体Bは石灰水を白くにごらせるので二酸化炭素，気体Cはものを燃やすはたらきがあるので酸素である。気体Dは水によく溶け，水溶液はアルカリ性を示すのでアンモニアである。

❻ ② 水でぬらした赤色リトマス紙を青色にするのは，水溶液がアルカリ性の気体である。

③ 塩素には脱色作用，殺菌作用がある。

⑤ 硫化水素は火山ガスの成分で，有毒な気体である。

❼ ② 塩素と塩化水素も水に溶けやすいが，空気より密度が大きいので，上方置換法では集められない。

p.27-28 Step 2

❶ ① **液体** ② **固体** ③ B ④ ㋑

❷ ① **増加する。** ② **変わらない。** ③ **水**
④ ㋒

❸ ① **膨らむ。** ② ㋑ ③ ㋐

❹ ① ①㋑ ②㋒ ③㋐ ② **変化しない。**
③ **変化しない。** ④ **変化する。**
⑤ **小さくなる。** ⑥ b ⑦ ㋐

考え方

❶ ① ② 加熱すると，固体のろうは液体のろうに変化し，冷やすと，液体のろうは固体のろうに変化する。これを状態変化という。

③ ④ 液体のろうが固体になると，真ん中がへこんで体積が減少する。しかし，質量は変わらない。

❷ ① ほとんどの物質は液体から固体に変化すると体積は小さくなるが，水は例外で，体積が大きくなる。

② 物質の状態変化では，質量は変わらない。

③ ④ 水は，液体より固体の方が体積は大きい。状態変化では質量は変化しないので，液体より固体の方が密度は小さくなる。よって，固体（氷）は液体（水）に浮く。一方，ろうは，液体より固体の方が体積が小さいので，液体より固体の方が密度は大きくなる。よって，固体は液体に沈む。

❸ ① 袋に熱湯をかけると，袋の中の液体のエタノールが気体になって体積が大きくなり，袋が大きく膨らむ。

② エタノールが液体から気体に変化しても，粒子の数や大きさは変わらない。

③ エタノールが液体から気体に変化すると，粒子の運動が激しくなり，粒子どうしの距離が大きくなる。このため，粒子が袋に強くぶつかるようになり，袋を押し広げる。

❹ ① 固体は粒子がきちんと並んでいる㋑，液体は粒子が固体のように位置が決まっていない㋒，気体は粒子が自由に空間を動いている㋐である。

② ③ ④ 物質が状態変化すると，運動のようすが変わるので体積は変化するが，粒子そのものの数は変わらないので質量は変化しない。また，状態が変わるだけなので，別の種類の物質にはならない。

⑤ 液体から気体に変化すると，体積は増加するが，質量は変わらない。したがって，密度は小さくなる。

⑥ ドライアイス（固体）を空気中に置いておくと，二酸化炭素（気体）に変化する。

⑦ 粒子の運動が最も激しいのは気体，最も穏やかなのは固体のときである。

p.30-31 Step 2

❶ ① A ② 0℃ ③ C ④ 100℃
⑤ ① **変化しない。** ② **変化しない。**

❷ ① a㋑ b㋒ c㋐
② **固体が液体に変わっている。**
③ **融点** ④ **メントール** ⑤ ㋒

❸ ① **沸点** ② B，D ③ E
❹ ① ㋑，㋒，㋔ ② **ならない。**
❺ ① A ② A ③ C ④ **蒸留**
⑤ **エタノールの沸点は水の沸点より低い。**

考え方

❶ ① ② 氷が水になり始めたのは，グラフが最初に水平になり始めたAであり，このときの温度は0℃である。
③ ④ 水の沸騰が始まったのは，グラフが2度目に水平になり始めたCであり，このときの温度は100℃である。
⑤ グラフが水平になっている間は状態変化が起こっており，温度は変化しない。状態変化が終わると，温度は上昇し始める。
❷ ① ② aはすべて固体の状態のときで，温度は上昇し続ける。bは固体から液体に状態が変化している間で，温度は変わらない。cはすべて液体に変化したときで，再び温度は上昇し始める。
③ ④ グラフより，融点が約43℃。融点は物質によって決まっているので，表からメントールと考えられる。
⑤ 物質の量を変えても，融点や沸点は変わらない。
❸ ② 融点が20℃より低く，沸点が20℃より高い物質を選べばよい。20℃のとき，AとCは固体，Eは気体である。
③ 酸素は常温で気体である。つまり，沸点が常温より低い物質である。

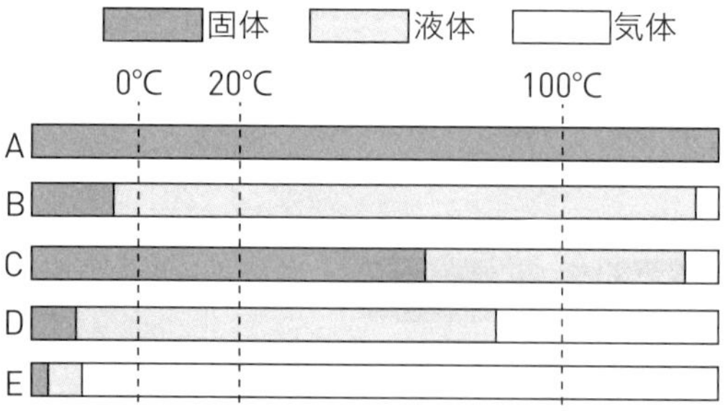

❹ ① ㋑空気は窒素，酸素，水蒸気，二酸化炭素などを含んでいる。㋒食塩水は，食塩と水の混合物である。㋔海水は，水や塩化ナトリウムなどでできている。
② 混合物の融点や沸点は決まった温度にはならない。
❺ 赤ワインは，水とエタノールなどの混合物である。
① ② ③ はじめは，エタノールを多く含む気体が出てくる。しだいにエタノールの割合が小さくなり，水の割合が大きくなってくる。
④ 蒸留は，物質の沸点のちがいを利用し，液体の混合物から純粋な物質を分けてとり出す方法である。
⑤ はじめにとり出した気体にエタノールが多く含まれていたことから，水の沸点よりエタノールの沸点の方が低いことがわかる。

p.33-34 Step ❷

❶ ① **溶解** ② **水溶液** ③ ㋑ ④ ㋒
⑤ **均一になる。**
❷ ① **溶質** ② **溶媒** ③ 180 g
④ **塩化水素** ⑤ **溶けている物質（溶質）**
❸ ① ㋑ ② ㋒ ③ ㋑ ④ **沈まない。**
❹ ① ㋒ ② ㋑ ③ ㋒

考え方

❶ ② 物質が液体に溶けたものを溶液といい，液体が水の場合には，とくに水溶液という。
③ 硫酸銅を水の中に置くと，固体が水に溶け出し，まわりの水に濃い色（青色）がつく。やがて固体は見えなくなる。
④ 時間がたつと，濃い色のついた部分はうすくなりながらまわりに広がり，ペトリ皿全体の水に色がつく。
⑤ さらに時間がたつと，ペトリ皿の中の水溶液は均一になる。
❷ ① ② 溶液に溶けている物質を溶質といい，溶質を溶かしている液体を溶媒という。
③ 溶液の質量は，溶質と溶媒の質量の和に等しいので，30 g＋150 g＝180 g
④ 塩酸は，気体の塩化水素が水に溶けたもの

である。溶質は固体とは限らず，液体や気
体の場合もある。

⑤ 水溶液は，溶けている物質（溶質）によっ
て，さまざまな性質をもつ。

❸ ❶❷ 溶質が溶け始めると，溶質の粒子はば
らばらに分かれ，水の粒子の間に入り込ん
でいく。しばらくは下の部分だけが濃くな
っているが，やがて均一に広がる。

❸ 溶質の粒子が見えなくなっても，粒子その
ものの数や大きさは変わらないので，全体
の質量は変わらない。

❹ 溶質の粒子は，水の粒子の中を動き回って
全体に広がり，均一になる。均一になると，
時間がたっても底に沈むことはない。

❹ ❶ 水溶液では，溶質の粒子は均等に散らばっ
ている。時間がたっても，下にたまらない
で，濃さは同じままである。

❷ 水に溶けると，物質は非常に小さい粒子に
なり，水全体に均一に散らばっていく。

❸ 溶けた物質の状態は，時間がたっても変化
しない。

p.36-37 **Step ❷**

❶ ❶ **右図**
❷ **再結晶**
❸ **水を蒸発させる。**

ガラス棒　ろ紙
ろうと
ろうと台

❷ ❶ **89 g**
❷ **16 g**
❸ **溶解度**
❹ **飽和水溶液**

❸ ❶ **あまり変化しない物質**　❷ **㋐**

❹ ❶ **温度を下げると，溶解度が小さくなるため。**
❷ **硝酸カリウム**
❸ **物質名…塩化ナトリウム　理由…温度による溶解度の差があまりないから。**

❺ ❶ **20%**　❷ **24 g**　❸ **400 g**

　考え方

❶ ❶ ろうとのあしの長い方をビーカーの内壁
につけ，液体はガラス棒を伝わらせて少し
ずつ注ぐ。

❸ 水を蒸発させると，溶けていた物質をと
り出すことができる。水溶液の温度を下げ
ても結晶が出てこない場合，この方法で
とり出す。

❷ ❶ 硝酸カリウムは，80℃の水100 gに169 g
まで溶ける。よって，あと169 g－80 g＝
89 g溶かすことができる。

❷ 硝酸カリウムは，40℃の水100 gに64 gま
でしか溶けない。すでに80 g溶かしている
ので，80 g－64 g＝16 gの硝酸カリウムの
結晶が出てくる。

❹ 物質が水に溶ける最大の量まで溶けている
状態を飽和といい，その水溶液を飽和水溶
液という。

❸ ❷ 温度によって水に溶ける質量があまり変化
しない物質の場合，水溶液を冷やしてもほ
とんど結晶が出てこない。

❹ ❶ 温度を下げると水に溶ける物質の質量が小
さくなるので，溶けきれなくなった物質が
結晶となって出てくる。

❷ 60℃のときと20℃のときで，溶解度の差
が大きい物質ほど，出てくる結晶の質量も
大きい。

❸ 塩化ナトリウムのような，温度によって水
に溶ける物質の質量がほとんど変わらない
物質は，水溶液の温度を下げてもほとんど
結晶は出てこない。塩化ナトリウムの場合
は，水を蒸発させて結晶をとり出す。

❺ ❶ $\dfrac{25\,g}{100\,g＋25\,g}×100＝20\%$

❷ 溶質の質量＝溶液の質量×濃度より，

$200\,g×\dfrac{12}{100}＝24\,g$

❸ 塩酸50 gに含まれている塩化水素は，

$50\,g×\dfrac{36}{100}＝18\,g$

水をx g加えて 4 ％の塩酸になったとする
と，$\dfrac{18}{50＋x}×100＝4$ より，$x＝400$

❶ ❶ C　❷ 二酸化マンガン

　❸ 気体A…**酸素**　気体B…**窒素**

　　気体C…**アンモニア**　気体D…**水素**

❷ ❶ 蒸留　❷ 急に沸騰するのを防ぐため。

　❸ ア

　❹ 試験管…C　理由…**含まれているエタノー
ルの量が少ないから。**

❸ ❶ 25%　❷ 25%　❸ 食塩水A

❹ ❶ 右図

　❷ 3種類

　❸ ㋖

　❹ 鉄

　❺ 4.0 cm³

　❻ 35.84 g

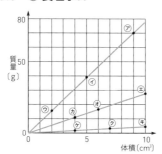

縦軸：質量〔g〕　横軸：体積〔cm³〕

考え方

❶ ❶ 水に溶けやすい気体は，水上置換法では
集められない。

　❷ 気体Aは火のついた線香が激しく燃える
ので，酸素であることがわかる。酸素はう
すい過酸化水素水に二酸化マンガンを入れ
ると発生する。

　❸ 気体Bは空気の約8割を占めるので窒素
である。気体Cは水に非常に溶けやすく，
特有の刺激臭があり，水溶液がアルカリ
性であることからアンモニアである。気体
Dは密度が非常に小さく，火をつけると燃
えて水ができることから水素である。

❷ ❶ 蒸留は，沸点のちがいを利用して，混合
物から純粋な物質をとり出す操作である。

　❷ 沸騰石を入れないと，突然沸騰して中の液
体が飛び出す危険がある。

　❸ 混合物では，沸点は決まった温度になら
ない。エタノールの沸点である約78℃付近
でほぼ水平になるが，すぐに温度は上昇
し続ける。

　❹ 沸点の低いエタノールが水よりも先に出て
くるので，エタノールの量は，試験管Aが

最も多く，試験管Cは最も少ない。

❸ ❶ 質量パーセント濃度〔%〕=

$$\frac{溶質の質量〔g〕}{水溶液の質量〔g〕} \times 100$$

$$= \frac{溶質の質量〔g〕}{水（溶媒）の質量〔g〕 + 溶質の質量〔g〕} \times 100$$

より

$$\frac{25\,g}{75\,g + 25\,g} \times 100 = 25\%$$

　❷ 10%の砂糖水100gに含まれている砂糖は
溶質の質量＝水溶液の質量×濃度より

$$100\,g \times \frac{10}{100} = 10\,g$$

これに20gの砂糖を加えるのだから

$$\frac{10\,g + 20\,g}{100\,g + 20\,g} \times 100 = 25\%$$

　❸ 食塩水の質量をそろえて，その中に何gの
食塩が溶けているかを比べればよい。
食塩水A 300gには，食塩は

$$30 \times 2 = 60\,g$$

食塩水B 300gには，

$$300\,g \div (10\,g + 50\,g) = 5$$

$$10\,g \times 5 = 50\,g$$

❹ ❶❷ 測定値と原点を結ぶ直線をかく。この
直線の数が物質の種類の数である。

　❸ 水の密度1 g/cm³よりも小さい密度の物
質で，最も体積の大きいものを選ぶ。

　❹ グラフより，体積が9 cm³のときの質量は
70gである。よって，物体㋐の密度は，70
g÷9 cm³=7.77…g/cm³　密度がこの値
に最も近い鉄だと考えられる。

　❺❻ 銅のかたまりの体積は，水が増えた分
と等しくなるので，

24.0 mL－20.0 mL＝4.0 mL＝4.0 cm³

質量〔g〕＝密度〔g/cm³〕×体積〔cm³〕

より，8.96 g/cm³×4.0 cm³＝35.84 g

身近な物理現象

❶ ❶ 光源　❷ （光の）直進　❸ ㋐, ㋒

▶ 本文 p.41-45

❷ ① **入射光** ② a　角度…40°
③ b　角度…40°　④ ㋒
❸ ① **像** ② B ③ Y
❹ ① 入射角…b　屈折角…d ② **屈折角**
③ **全反射**
❺ ㋑

考え方

❶ ① ② 自ら光を出しているものを光源といい，光源から出た光は直進する。
③ ㋑はタブレットから出た光を直接見ているが，㋐と㋒は照明から出た光が教科書や友達の顔ではね返って目に届いた光を見ている。
❷ ① 鏡の面で反射する前の光を入射光，反射した後の光を反射光という。
② 入射角は，鏡の面に垂直な線と入射光との間の角なのでaである。aは90°－50°＝40°である。
③ 反射角は，鏡の面に垂直な線と反射光との間の角なのでbである。光が鏡の面で反射するとき，反射の法則より，入射角（a）＝反射角（b）となる。
④ 入射角を変えても，反射の法則は成り立つ。
❸ ② 鏡に映った像は，鏡の面に対して，物体と対称の位置にできる。この位置は，像をどこから見ても変わらない。
③ 物体から出た光は，鏡の面で反射して目に届く。このとき，反射の法則が成り立つ。
❹ ① 境界面に垂直な線と入射光との間の角を入射角，境界面に垂直な線と屈折光との間の角を屈折角という。
② 光が水から空気中に進むときは，屈折角は入射角より大きくなる。
③ 光が水やガラスから空気中に出ていくとき，入射角を大きくしていくとやがて屈折角は90°になる。さらに入射角を大きくすると，光は空気中に出ていかず，境界面で全て反射する（全反射）。
❺ 光が空気中からガラスの中に進むときは，屈折角は入射角より小さくなり，ガラスの中から空気中に進むときは，屈折角は入射角より大きくなる。

p.44-45　Step ❷

❶ ① ㋒ ② **焦点** ③ **焦点距離**
❷ ① **右図**
② **実像**
③ ① ㋐
② ㋑
③ ㋒

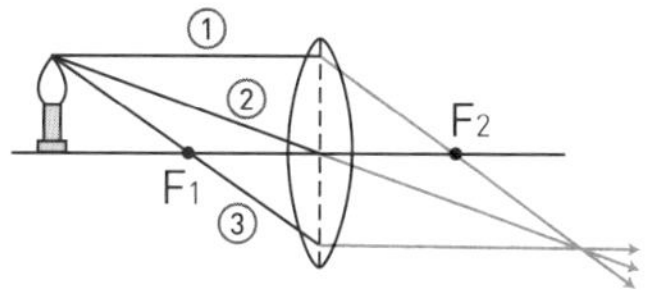

❸ ① **実像** ② **逆向き**
③ 15 cm…㋐　20 cm…㋑
④ ㋐，㋑
❹ ① **虚像** ② **映らない。** ③ **大きくなる。**

考え方

❶ ① 光は凸レンズを通るとき，屈折する。
② 光軸に対して平行に進んだ光は，凸レンズで屈折し，焦点を通る。
③ 凸レンズの中心から焦点までの距離を焦点距離という。焦点は凸レンズの両側にあり，その焦点距離は等しい。
❷ ① ① 光軸に平行に入射した光は，焦点を通る。② 凸レンズの中心を通る光は，そのまま直進する。③ 焦点を通って入射した光は，光軸と平行に進む。
② スクリーンに，光が実際に集まってできる像は実像である。
③ ① 光源を凸レンズから遠ざけると，像は凸レンズに近づき，小さくなる。② 凸レンズから焦点距離の2倍の位置に光源があるとき，像も焦点距離の2倍の位置にでき，大きさは実物と同じである。③ 光源を凸レンズに近づけると，像は凸レンズから遠ざかり，大きくなる。
❸ ① スクリーンに，光が実際に集まってできる像は実像である。
② 実像は上下左右が逆向きで，虚像は上下左右が同じ向きである。
③ 凸レンズから焦点距離の2倍の位置に物体

があるとき，像も焦点距離の２倍の位置にでき，像の大きさは同じになるので，表より，20 cmのときに物体と像の大きさは同じになる。また，物体を焦点に近づけると像の大きさは大きくなる。

④ この凸レンズの焦点距離は，20÷２＝10 cm 物体を焦点の位置に置くと像はできない。また，物体を焦点より凸レンズに近い位置に置くと，虚像は見えるが，スクリーンに実像はできない。

❹ ① 光源を焦点より凸レンズに近い位置に置くと，虚像が見える。

② 虚像は実際に光が集まってできた像ではないので，スクリーンには映らない。凸レンズを通して物体を見ると，上下左右が同じ向きで，物体より大きな像が見える。

③ 光源をａ点に置くと，Ｂの位置により大きな虚像が凸レンズを通して見える。

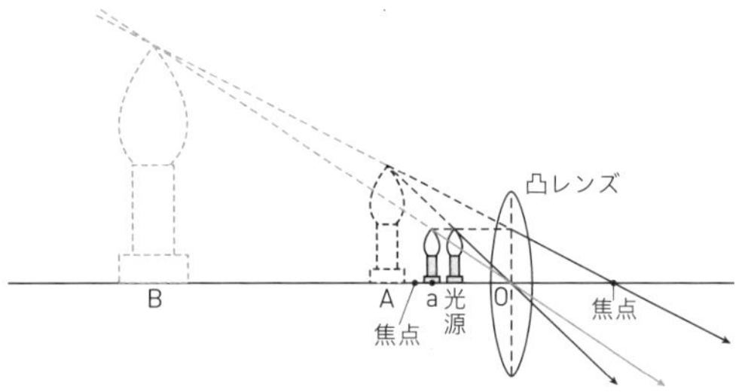

p.47-49 Step 2

❶ ① **振動している。**
② **鳴り始める。(振動し始める。)**
③ **空気** ④ **波** ⑤ **小さくなる。**

❷ ① ㋑
② **音の速さは光の速さに比べて非常に遅いため。**

❸ ① **聞こえる。** ② **聞こえる。** ③ **聞こえない。**
④ ㋒

❹ ① 340 m/ｓ ② **1.8秒後**

❺ ① **振動している。** ② **変わらない。**
③ **遅くなる。**
④ 大きな音…㋒ 高い音…㋑，㋔

❻ ① **振幅** ② ㋑ ③ C ④ ㋒ ⑤ **振動数**
⑥ **ヘルツ**

考え方

❶ ① 音を出している物体は，振動している。

② Ａの音さの振動がＢの音さに伝わり，Ｂの音さも鳴り始める。

③ Ａの音さの振動がまわりの空気を次々と振動させ，それがＢの音さに伝わり，Ｂの音さが振動する。

④ 音は空気中を波として伝わる。空気が移動して伝わるのではないことに注意する。

⑤ 間に板があっても音は伝わるが，伝わる振動は弱くなる。

❷ ① 音源の振動によって，空気が押し縮められたり引かれたりする。すると，空気の濃いところとうすいところができ，これが次々と伝わっていく。空気自体がまわりへ移動していくのではない。

② 光と音は同時に出ている。光は速さが非常に速いので光るのとほぼ同時に届くが，音は光の速さと比べて非常に遅い。

❸ ①② 音は空気中だけでなく，液体や固体の中も波として伝わる。音の速さは，水中の方が空気中より速い。

③④ 音は液体や固体の中でも伝わるが，伝える物体がないと伝わらない。

❹ ① 音は，Ａ君→校舎→Ａ君→Ｂ君のように進んだ。音は，2.5秒間で，300＋300＋250＝850 m進んだので，音の伝わる速さは，850 m÷2.5 s＝340 m/ｓ

② Ａ君が出した声のこだまを聞くまでの時間を求めるためには，音が300＋300＝600 m進む時間を求めればよい。
600 m÷340 m/s＝1.76…ｓで，1.8秒後。

❺ ② つり糸を強くはじいても，振動の速さは変わらないが，音は大きくなる。

③ はじくつり糸の長さを長くすると，振動の速さが遅くなり，音は低くなる。

④ つり糸を強くはじくと大きな音，弱くはじくと小さな音が出る。はじくつり糸の長さを短くすると高い音，長くすると低い音が出る。また，つり糸を強く張ると高い音，

弱く張ると低い音が出る。

❻ ❶ ❷ 振動の振れ幅を振幅といい，大きな音は振幅が大きい。

❸ 波形では，１回の振動は山から山までである。

❹ ❺ １秒間に振動する回数を振動数といい，低い音は振動数が小さい。

p.51-52 Step ❷

❶ A㋑　B㋐　C㋑　D㋒　E㋐

❷ ❶ **摩擦力**　❷ **反対**　❸ **小さくなる。**

❸ ❶ **弾性力**　❷ **電気の力**　❸ **重力**

❹ ❶ **作用点**　❷ **力の向き**　❸ **長くなる。**

❹ **作用線**　❺ **ニュートン**

❺ ❶ **上**向きに，**20**N

❷ **下**向きに，**100**N

❻
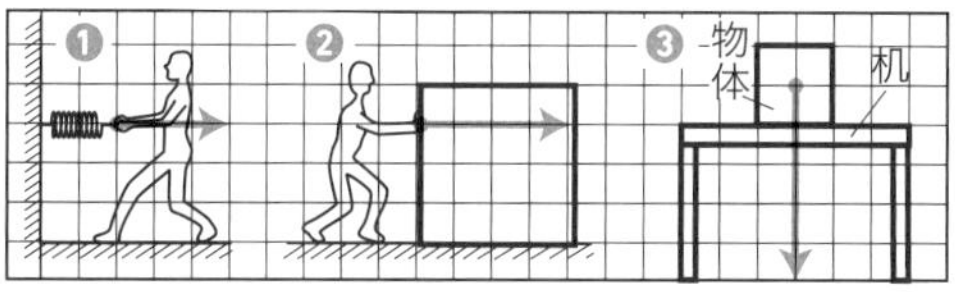

考え方

❶ それぞれの図の直前直後の状態を考えてみる。物体の動きを変えるとは，止まっている物体を動かしたり，動いている物体を止めたり，動いている物体の速さや動く向きを変えたりすること。Eは，ばねが伸びるときに物体（ばね）の形が変わっている。

❷ ❶ ❷ タイヤのゴムが地面とこすれると，タイヤは動きにくくなる。この動きを妨げる力を摩擦力といい，自転車が進む向きと反対にはたらく。

❸ 摩擦力はざらざらした面ほどよくはたらき，滑らかな面ほど小さくなる。

❸ ❶ 物体を変形させたとき，もとの形に戻ろうとする性質を弾性といい，弾性によって生じる力を弾性力（弾性の力）という。

❷ 下じきをこすると，電気がたまる。

❸ 重力は，物体が地球の中心に向かって引かれる力である。

❹ ❶ ❷ ❸ 力は，力のはたらく点である作用点，力の向き，力の大きさの３つの要素を考える。力の向きは矢印の向き，力の大きさは矢印の長さで表す。

❺ 力の大きさは，ニュートン（N）という単位で表され，１Nの力は約100 gの物体にはたらく重力の大きさと等しい。

❺ ❶ 2 kg＝2000 g，100 gの物体にはたらく重力が１Nなので，2000÷100＝20 N
20Nの重力がはたらく物体を上向きの力で支えている。

❷ 10 kg＝10000 g，100 gの物体にはたらく重力が１Nなので，10000÷100＝100 N
滑車は力の向きを変えるので，100 Nの重力がはたらく物体を下向きに引いている。

❻ 矢印の長さは，力の大きさに比例する。

❶ 作用点（力がはたらく点）は手の位置で，力の向きは右向きである。

❷ 作用点は手の位置で，力の向きは右向きである。

❸ 重力の場合，作用点は物体の中心とし，力の向きは下向きである。

p.54-55 Step ❷

❶ ❶ **右図**

❷ **比例**

❸ **フック（の法則）**

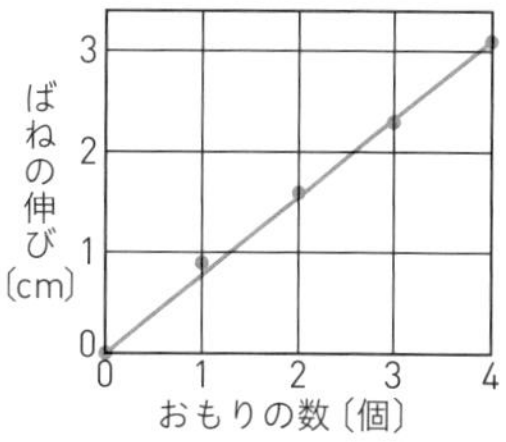

❷ ❶ **20 cm**　❷ **20 cm**

❸ **1.5 N**

❸ ❶ **300 g**

❷ **0.5 N**

❹ ❶ ㋐　❷ ㋑　❸ ㋒　❹ ㋒，㋓

❺ ❶ **反対になっている。**

❷ **一直線上にある。**

❸ **5 N**

❻ ①
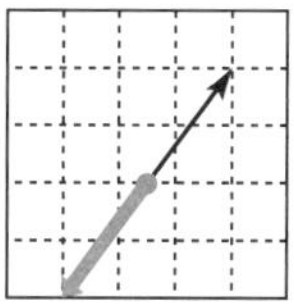
②
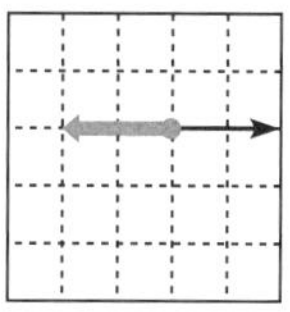

考え方

❶ ❶ 誤差を考え，グラフは，測定値の点が均等に散らばるように，原点を通る直線をかく。測定値の点を折れ線でつないではいけない。

ばねの伸び〔cm〕／おもりの数〔個〕

❷❸ ばねの伸びはばねにはたらく力に比例する。この関係をフックの法則という。

❷ ❶ グラフより，3Nの力を加えるとばねは10cm伸びる。6Nの力を加えたときのばねの伸びを x cmとすると，
3：10＝6：xより，x＝20cm

❷ 3Nの力を加えたとき，ばねは10cm伸びている。よって，おもりをつるさないときのばねの長さは，30－10＝20cm

❸ ばね全体の長さが25cmのとき，ばねは，25－20＝5cm伸びている。ばねが5cm伸びたときの力の大きさを x Nとすると，
3：10＝：x：5より，x＝1.5N

❸ ❶ 上皿てんびんでは質量がはかれる。質量は場所によって変わらない。

❷ ばねばかりが示す値は，重力によって変わる。地球上では，100gの物体に加わる重力の大きさが1Nである。月面上での重力の大きさは地球上の約$\frac{1}{6}$になる。300÷100＝3N
$3×\frac{1}{6}$＝0.5N

❹ ❶ 2つの力がつり合うのは，2つの力の大きさが等しく，一直線上にあり，向きが反対のときである。

❷ 2つの力が一直線上にあるが，力の矢印の長さがちがっているものを選ぶ。

❸ ㋺は，2つの力が一直線上にないが，向きは反対である。

❹ 力の矢印の始点と終点を通る直線を作用線という。つり合う2力は同じ作用線の上にある。一直線上にない㋒と㋔は，それぞれ物体が傾くように動く。

❺ ❶ 厚紙が静止したとき，2つの力はつり合っている。このとき，2つの力の向きは反対になっている。

❷ 2つの力がつり合っているとき，2つの力は一直線上にある。

❸ 2つの力がつり合っているとき，2つの力の大きさは等しくなる。

❻ つり合う2つの力の作図では，①力が一直線上にある，②向きが反対，③大きさが等しい，の3つの条件をすべて満たすようにかく。

p.56-57 Step ❸

❶ ❶ A 20cm B 20cm ❷ 長くなる。
❸ 10cm ❹ 虚像
❷ ❶ 空気 ❷ 238m
❸ ① 振幅 ② 振動数 ③ ㋓
❸ ❶ 1.2cm ❷ 7.8cm ❸ 10.8cm
❹ 1.3N ❺ ㋒
❹ ❶ 垂直抗力 ❷ 重力 ❸ 反対の向き ❹ ㋒

考え方

❶ ❶ 光源と同じ大きさの像ができるのは，焦点距離の2倍の位置に光源を置いたときである。このとき，像も焦点距離の2倍の位置にできる。

❷ 光源と凸レンズの距離を短くしていくと，凸レンズと像の距離は長くなり，像の大きさは大きくなっていく。

❸ 焦点の位置に光源を置くと，凸レンズを通った光は平行になり，像はできない。

❹ 光源を焦点よりも凸レンズに近い位置に置いてスクリーンの方から凸レンズを見ると，物体よりも大きな虚像が見える。虚像は実際に光が集まってできた像ではない。

❷ ❶ 太鼓の音が聞こえるのは，その間にある空気が音を伝えるからである。音源が振動すると，空気が振動することで押し縮められて濃くなったり，引かれてうすくなったりする。この振動が波として空気中を伝わるのであり，空気が移動するのではない。

② 距離＝時間×速さで求める。このとき，下の図のように，音は校舎にはね返っているので，かかった時間は往復分であることに注意する。

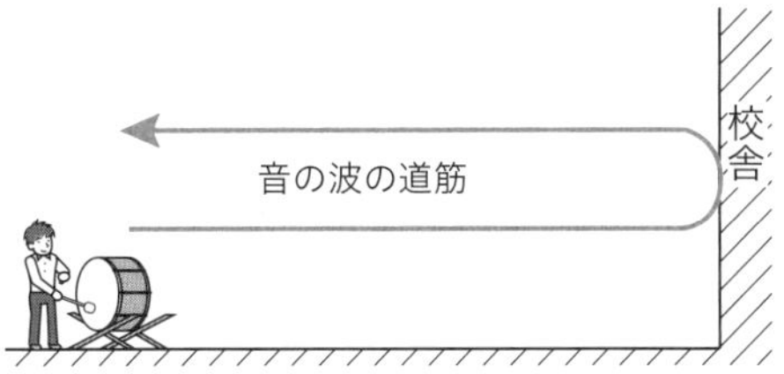

平均は（1.40＋1.42＋1.38）÷3＝1.40 s
太鼓から校舎まで音が伝わるのにかかった時間は，1.40÷2＝0.70 s
よって，求める距離は，
0.70 s×340 m/s＝238 m

③ ① 波の山は振幅を表している。
③ 音の大きさは振幅に，音の高さは振動数に関係している。太鼓を弱くたたくと，音は小さくなるが，音の高さは変わらない。したがって，振動数（波の数）が変わらず，振幅（波の山の高さ）が低くなっている波形を選ぶ。

❸ ① 表より，おもりを1個つるすごとに1.2 cmずつ伸びている。
② おもりを1個つるすとばねの長さは9.0 cmになるので，おもりをつるさないときのばねの長さは，9.0－1.2＝7.8 cm
③ 20gのおもりをつるすと1.2 cm伸びるので，50gの物体をつるしたときのばねの伸びを x cmとすると，20：1.2＝50：x より，x＝3.0 cm　よって，ばねの長さは7.8＋3.0＝10.8 cmになる。
④ このばねは，0.2 Nの力が加わると1.2 cm伸びる。ばねの伸びは15.6－7.8＝7.8 cmなので，手で引いた力の大きさを x Nとすると，
0.2：1.2＝x：7.8より，x＝1.3 N
⑤ ばねの伸びは加えた力に比例している。この関係をフックの法則という。ばね全体の長さではないことに注意する。

❹ ① ② 机の上に本を置いても，重力とつり合う力が本に加わっているため，本は動かない。この力を垂直抗力という。
③ ④ 物体を引いても動かなかったとき，物体を引く力とつり合っている力がはたらいている。この力を摩擦力といい，物体を引く力と反対向きで，大きさは同じである。

大地の変化

p.59-60　**Step 2**

❶ ① **マグマ**　② **火山噴出物**　③ **溶岩**
❷ ① c　② ㋑　③ a　④ ㋒
❸ ① **ハザードマップ**　② **噴火警戒レベル**
❹ ① **火成岩**　② A **斑状組織**　B **等粒状組織**
③ a **斑晶**　b **石基**　④ A **火山岩**　B **深成岩**
⑤ A ㋐　B ㋑　⑥ B
❺ ① A **流紋岩**　B **安山岩**
C **花崗岩**　D **斑れい岩**
② ㋑　③ **閃緑岩**

考え方

❶ ① マグマは，地下の岩石が高温のためにとけたものである。
② 火山が噴火すると，火山ガスとともに，火山弾，軽石，火山れき，火山灰などがふき出したり，マグマが流れ出たりする。
③ 溶岩の温度は，非常に高温である。冷えて固まったものも溶岩という。

❷ ① ② マウナロアのように，マグマのねばりけが弱いと，傾斜の緩やかな形になる。
③ ④ 雲仙普賢岳のように，マグマのねばりけが強いと，おわんをふせたような形になる。

❸ ① ハザードマップには，自然災害による被災が想定される区域や避難場所・避難経路・防災関係施設の場所などが示されている。
② 火山を24時間監視し，警戒が必要な範囲ととるべき防災対応をレベル1からレベル5で示している（噴火警戒レベル）。現在，多くの活火山で運用されている。

❹ ① マグマが冷え固まった岩石を火成岩とい

う。

❷❸ Aの岩石は，大きな結晶 a（斑晶）と，結晶になれなかった部分 b（石基）でできている。このようなつくりを斑状組織という。Bの岩石は，結晶がほぼ同じ大きさになっていて，このようなつくりを等粒状組織という。

❹❺ Aの岩石は火山岩で，地表近くで急速に冷やされたため，大きな結晶になれなかった部分がある。Bの岩石は深成岩で，地下深くでゆっくりと冷やされたため，全て大きな結晶になっている。

❻ 花崗岩は深成岩，安山岩は火山岩である。

❺❶ 火成岩は含まれる鉱物の色と組織のようすで特徴が決まる。無色鉱物が多いと，全体的に白っぽく見える。

次のように，火成岩に含まれる有色鉱物の量を理解しておこう。

火山岩		
流紋岩	安山岩	玄武岩

◄———— 有色鉱物の量 ————►
少ない　　　　　　　　　　多い

花崗岩	閃緑岩	斑れい岩
深成岩		

❷ 無色鉱物とは，白色あるいは無色の鉱物で，石英と長石がある。有色鉱物には，黒雲母，角閃石，輝石，カンラン石，磁鉄鉱がある。

	鉱物名	形	色
無色鉱物	石英	不規則	無色・白色
	長石	柱状・短冊状	無色～白色・うす桃色
有色鉱物	黒雲母	板状・六角形	黒色～褐色
	角閃石	長い柱状・針状	濃い緑色～黒色
	輝石	短い柱状・短冊状	緑色～褐色
	カンラン石	丸みのある短い柱状	黄緑色～褐色
	磁鉄鉱	不規則	黒色

---

p.62-63 **Step ❷**

❶ ❶ 震源　❷ 震央　❸ 震度　❹ 10
　❺ ㋒　❻ マグニチュード

❷ ❶ a 初期微動　b 主要動
　❷ a P波　b S波
　❸ 15（時）2（分）40（秒）　❹ 20秒
　❺ 初期微動継続時間

❸ ❶ 9（時）7（分）20（秒）　❷ A
　❸ P波…8 km/s　S波…4 km/s
　❹ 400 km　❺ 長くなる。

❹ ❶ 隆起　❷ 液状化　❸ 津波

❺ ❶ ㋑　❷ 初期微動継続時間が短いから。（P波の到着時刻からS波の到着時刻までに，あまり間がないから。）

考え方

❶ ❶❷ 地震が起こった点を震源，震源の真上の地表の点を震央という。

❸ 地震による揺れの程度を震度という。同じ地震でも場所によって震度は異なる。

❹ 震度は0から7まであるが，5は5弱と5強，6は6弱と6強に分けられるため，合計10段階となる。

❺ 震源からの距離が同じでも，地盤の性質や地下のつくりのちがいなどによって，震度が異なることがある。

❻ マグニチュードは，記号ではMで表す。マグニチュードが1つ大きくなるとエネルギーは約32倍，2つ大きくなると1000倍になる。

❷ ❶ はじめの小さな揺れを初期微動（a），後に続く大きな揺れを主要動（b）という。

❷ 初期微動を起こす波をP波，主要動を起こす波をS波という。P波とS波は同時に発生するが，P波の方が速いため，先に到達する。

❸ 図より1目盛りは10秒なので，15時2分30秒の10秒後である。

❹ 15時2分40秒から15時3分0秒までの20秒間である。

⑤ P波が到達してからS波が到達するまでの時刻の差を初期微動継続時間といい，震源から遠いほど長くなる。

❸ ① 2つのグラフが交わっている点が，地震の発生した時刻である。

② P波はS波より速いので，AがP波のグラフである。

③ P波は400 kmの距離を50秒で進むので，
400 km÷50 s＝8 km/s
S波は200 kmの距離を50秒で進むので，
200 km÷50 s＝4 km/s

④ ⑤ 初期微動継続時間は震源からの距離に比例する。グラフより，震源からの距離が200 kmのときの初期微動継続時間は25秒である。よって，初期微動継続時間が50秒のとき，震源からの距離は400 kmである。

❹ ① 土地がもち上がることを隆起，沈むことを沈降という。

② 水が多く含まれているやわらかい土地の場合，強い揺れによって土砂や水がふき出してくることがある。これを液状化という。

③ 海底で地震が起こって海水を急に押し上げたとき，その波が海岸に押しよせて大きな被害をもたらすことがある。

❺ ① 最大震度が5弱以上と予想された地域がある場合，地震が発生してから可能な限りすばやく発表され，大きな揺れがくる前に危険を知らせることができる。

② 震源地の近くではP波が到着してからS波が到着するまでの時間が短いので，緊急地震速報の発表より前にS波が到着してしまうこともある。

p.65-66 Step 2

❶ ① **侵食** ② ㋒ ③ [う]

❷ ① A **しゅう曲** B **断層** ② ㋐

❸ ① **鍵層** ② ⓒ→ⓑ→ⓐ

❹ ① **堆積岩** ② **れき岩** ③ **石灰岩，チャート**
④ **石灰岩** ⑤ **凝灰岩** ⑥ **角ばっている。**

❺ ① ①㋑ ②㋓ ③㋐ ② **示相化石**
③ **示準化石** ④ A **中生代** B **古生代**

考え方

❶ ① 岩石は，気温の変化や水のはたらきで表面からぼろぼろになっていく（風化）。もろくなった岩石は，風や流水によって削られ（侵食），流水によって運ばれ（運搬），流れが緩やかになる海底などで堆積する。

② Bの地点では，川の流れが緩やかになっており，堆積のはたらきが大きくなっていて，このような場所には三角州ができる。㋐の扇状地は，川が山から平地に入ったところにできる扇形の地形である。㋑のV字谷は，川の上流あたりの侵食のはたらきが大きい場所にできる地形である。㋓の海岸段丘は，海岸で土地の隆起と波による侵食によってできる地形である。

③ 粒の小さいものは，流れにのって河口から離れた沖合に流されるため，海岸の近くから，れき，砂，泥の順に堆積する。

❷ ① ② Aの地形は，両側から押す力がはたらいて，地層が押し曲げられている。このような地形をしゅう曲という。Bの地形は，両側から押す力がはたらいて，地層が切れてずれている。このような地形を断層という。

❸ ① 火山灰は遠くまで飛ばされて，短期間に広い地域に堆積する。そのため，遠く離れていても，同じ時代にできた地層であることがわかる。このような層を鍵層という。

② 地層は下にある層の方が古い。A地点のⓣとB地点のⓣが同じ層なので，下にあるⓒ，ⓑ，ⓐの順に古い。

❹ ① 堆積岩は，岩石や生物の死がい，火山灰などが海底などに積もり，長い年月をかけて固まったものである。

② 流水などで運ばれてきた岩石のかけらが堆積したものでは，れき岩・砂岩・泥岩の順に粒が大きい。粒の直径は，れき岩が2 mm以上，砂岩が0.06mm〜2 mm，泥

岩が0.06 mm以下となる。

③④ 石灰岩はサンゴなどの生物の死がいに含まれる炭酸カルシウムが主成分で，チャートは二酸化ケイ素の殻をもった生物の死がいが堆積して固まったものである。うすい塩酸を石灰岩にかけると二酸化炭素が発生するが，チャートにかけても気体は発生しない。

⑥ れき岩，砂岩，泥岩の粒は，流水によって運ばれている間に角がとれて丸みを帯びているが，凝灰岩の粒は，火山灰が風に飛ばされて堆積するため，角ばっている。

❺①② 過去に地層が堆積した環境を示す化石を示相化石という。サンゴはごく浅いあたたかい海，ブナは陸地，シジミは河口や湖であったことを示す。

③ 示準化石とは，短い期間に広い範囲で生息していた生物の化石で，離れた地層の時代を対比する手掛かりになる。

④ Aはアンモナイトで，中生代の示準化石である。Bはサンヨウチュウで古生代の示準化石である。ほかの代表的な示準化石は，古生代のフズリナ，中生代の恐竜，新生代のビカリア，ナウマンゾウなどがある。

p.68-69 Step❷

❶ ① 太平洋側　② 深くなっている。
③ プレート　④ 断層
❷ ① 太平洋プレート　② ⓐ
③ フィリピン海プレート　④ 82500000年後
❸ ① 海岸段丘　② ㋒　③ ⓒ　④ 河岸段丘
❹ ① 地滑り　② 土石流（泥流）
❺ ① 温泉　② 地熱発電　③ ジオパーク

[考え方]

❶①③ 日本付近では，海のプレートが陸のプレートの下に沈みこんでいて，力が加わり続けた陸のプレートのひずみが限界に達すると，地下の岩石が破壊されて地震が起こる。

② 地震の震源はプレートどうしの境界にあるので，太平洋側から日本海側にいくにしたがって，深くなっている。

④ 地震が起こると，地下の岩石が破壊されて岩盤がずれる。これを（震源）断層という。

❷①② [あ]の太平洋プレートとフィリピン海プレートは海のプレートで，日本列島に向かって少しずつ移動している。

③ 丹沢山地は，伊豆半島が本州に衝突し，プレートとプレートが押し合ってできた山地である。同じような例ではヒマラヤ山脈がある。ヒマラヤ山脈の高いところで海の生物の化石が見つかるのは，海底の地層が押し上げられてヒマラヤ山脈ができたという考えの証拠となっている。

④ ハワイ島はつねに西北西に動いていて，1年間に8 cmずつ日本列島に近づいている。日本からハワイまでの距離は6600 km＝660000000 cmなので，660000000÷8＝82500000年後

❸①② 波の侵食でできた平らな面が，土地の隆起によって地上に現れる。これを繰り返すことでできる，平らな面が階段状に並んでいる地形を海岸段丘という。

③ 土地の隆起が繰り返されてできるため，最初にできた面は最も上にあるⓒである。

④ 土地の隆起や海水面の上昇で川の流れが急になると，川底を削る力が大きくなり，新しい川底ができる。このとき，もとの川原や川底の一部が，階段状の平らな地形となる。

❹① 地滑りは，火山の噴火や大きな地震で発生することもある。大規模な崩壊が発生すると，海に流れこんで津波を発生させる場合もある。

② 土石流や泥流は流れる速さが速いため，離れたところでも短時間で到達し，被害をもたらすことがある。

❺① 温泉地には，マグマの熱で温められた地下水をポンプなどでくみ上げて利用しているところが多い。